Matthias Grossmann

Einkauf

Matthias Grossmann

Einkauf

– Alles, was Sie wissen müssen

Kosten senken – Qualität sichern – Einsparpotenziale realisieren

REDLINE | VERLAG

Bibliografische Information der Deutschen Nationalbibliothek

Die Deutsche Nationalbibliothek verzeichnet diese Publikation in der Deutschen National-
bibliografie.
Detaillierte bibliografische Daten sind im Internet über http://dnb.d-nb.de abrufbar.

ISBN: 978-3-86881-323-4

Unsere Web-Adresse:
www.redline-verlag.de

5. Auflage 2012

© 2007, 2010 by Redline Verlag, Münchner Verlagsgruppe GmbH, München

Satz: HJR, Jürgen Echter, Landsberg am Lech
Druck: Konrad Triltsch, Ochsenfurt
Printed in Germany

Inhaltsverzeichnis

Vorwort

Die Bedeutung des Einkaufs wächst und wächst. Eine Erkenntnis, die sich immer stärker in Vorstandsetagen und Geschäftsleitungen breitmacht. Denn häufig schlummern gerade in Einkauf und Beschaffung hohe Kostensenkungspotenziale. Dies gilt nicht nur für die großen Unternehmen, bei denen spätestens seit dem weit über die Einkäuferszene zur Berühmtheit gelangten Ignacio López die „Generalüberholung" des Einkaufs angesagt ist. Der López-Effekt hat inzwischen auch den Mittelstand erreicht. Im Zeichen der Globalisierung und des härteren internationalen Wettbewerbs fokussieren sich die Unternehmen unterschiedlichster Betriebsgröße auf neue Methoden des Einkaufs. Global Sourcing, ABC-Analyse, C-Teile-Management, Simultaneous Engineering sind mittlerweile auch in kleinen Unternehmen oft keine Fremdwörter mehr.

Im Einkauf spielt der Preis eine wesentliche, aber keineswegs die allein entscheidende Rolle. Faktoren wie Qualität, Zuverlässigkeit und langfristige Verlässlichkeit sind ebenso wichtig. Angesichts der zahlreichen Erfolgsfaktoren, angesichts der Komplexität der Vorgänge im Einkauf und deren Bedeutung für das Gesamtunternehmen sind zunehmend Ansätze erforderlich, die theoretischen Kenntnisse aus der Wissenschaft in praktisches Handeln umzusetzen. Das vorliegende Buch *Einkauf leicht gemacht* trägt dazu bei, die Lücke zwischen Theorie und Praxis zu schließen. Mit seinem Ansatz, die Geschichte eines jungen Einkäufers zu erzählen, gelingt es Matthias Grossmann zu lehren, ohne zu belehren.

Der Bundesverband Materialwirtschaft, Einkauf und Logistik e.V. (BME), der führende Fachverband für Beschaffung und Logistik in Deutschland, hat es sich zum Ziel gesetzt, gerade auch die mittelständischen Unternehmen bei der Ausnutzung der Potenziale des Einkaufs zu unterstützen. Dass wir mit unseren über 1000 Firmen- und 4000 persönlichen Mitgliedern mehr als 80 Prozent des gesamten deutschen Beschaffungsvolumens im produzierenden Gewerbe vertreten, zeigt, dass wir auf dem richtigen Weg sind.

Dr. Holger Hildebrandt
Hauptgeschäftsführer des BME

1. Vorgeschichte

Ein junger Mann, beschäftigt in der Einkaufsabteilung eines mittelständischen Industrieunternehmens, verliert langsam die Lust am Beruf des Einkäufers.

Zu Beginn seines beruflichen Werdegangs vor einigen Jahren war er noch hoch motiviert, doch irgendwie haben sich seine Erwartungen nicht erfüllt. „Woran liegt es nur?", fragt er sich. „Ursprünglich fing alles so interessant an, doch jetzt sehe ich hier keine Perspektive mehr."

Herr Leopold hatte schon während des Studiums der Betriebswirtschaft die Möglichkeit, bei einem großen Unternehmen in der Einkaufsabteilung als Praktikant tätig zu sein. Auch seine Diplomarbeit über die Einkaufspolitik dieses Unternehmens konnte er dort schreiben. Und das, was er dort erlebte, faszinierte ihn: internationale Ausrichtung, klar strukturierte Abläufe, ein Einkaufsleiter, der alle Zügel in der Hand hatte, und nicht zuletzt Mitarbeiter, die wirklich motiviert zu sein schienen.

Leider gab es aufgrund eines Einstellungsstopps keine Möglichkeit, in dieser modernen und dynamischen Einkaufsabteilung nach dem Ende des Studiums zu starten. Doch das Schicksal hatte mit unserem jungen Mann ganz andere Dinge vor.

Die Kontaktaufnahme

Eines Tages stieß Herr Leopold in einer Fachzeitschrift auf einen hochinteressanten Artikel. Der Einkaufsleiter eines großen mittelständischen Unternehmens schrieb dort über seine Erfahrungen mit einer neuen Einkaufsorganisation, die unter anderem eine abteilungsübergreifende Zusammenarbeit der Mitarbeiter sowie regelmäßige Workshops mit Lieferanten enthielt.

„Klasse!", dachte sich der junge Mann. „Das entspricht genau jener Art von Unternehmen, wie ich es von meinem Praktikum her kennen- und schätzen gelernt habe. Ich sollte mit diesem außergewöhnlichen Menschen Kontakt aufnehmen."

Unser junger Mann setzte daraufhin am Abend ein Schreiben auf und sandte es sofort am nächsten Tag zu diesem außergewöhnlichen Einkaufsleiter, Herrn Konrad. Inhalte seines Briefes waren:

- der Bezug auf den Artikel in der Fachzeitschrift,
- seine Begeisterung für diese Art von Organisation,
- dass allerdings viele Einkaufsabteilungen ganz anders arbeiten und
- sein Interesse, den Einkaufsleiter und sein Konzept einmal persönlich kennenzulernen.

Es vergingen keine drei Tage, da war die Antwort von Herrn Konrad da. Und unser junger Mann staunte, denn er erhielt sofort eine Einladung zu einem persönlichen Gespräch!

2. Das erste Treffen: Methoden zur Preis- und Kostenreduzierung

Der Einkauf trägt erheblich zum Erfolg bei

„Guten Tag, junger Mann, nehmen Sie Platz. Was kann ich für Sie tun?", waren die Worte, mit denen Herr Leopold von dem Einkaufsleiter begrüßt wurde.

Noch einmal erzählte der junge Mann von seiner Begeisterung über den Artikel in der Fachzeitschrift, dann aber auch ausgiebig über die Probleme in seinem Unternehmen, wo er gerade beschäftigt war: „Meine Kollegen und ich sind mit Arbeit bis obenhin zu. Vor drei Monaten hat ein Mitarbeiter gekündigt, und bis heute ist die Stelle nicht neu besetzt worden. Natürlich müssen wir dessen Arbeit mit machen. Wir sollen dieses Jahr wieder Preisreduzierungen erzielen, sehen jedoch vor lauter Bäumen den Wald nicht mehr, und ..."

„Mal ganz langsam, junger Mann", unterbrach ihn der Einkaufsleiter, „erzählen Sie mir doch erst einmal etwas über die Größe und Organisation Ihrer Abteilung, damit ich mir ein Bild machen kann."

So erklärte Herr Leopold in groben Zügen, um welches Unternehmen es sich handelte und wie der Einkauf dort organisiert war:

Umsatz: 50 Mio. Euro/Jahr
Einkaufsvolumen: 25 Mio. Euro/Jahr
Anzahl der Einkäufer: 5 + Leiter Materialwirtschaft

Auf die Frage von Herrn Konrad, was denn genau das Aufgabengebiet der Einkäufer umfasse, teilte der junge Mann mit: „Alles, was in der Beschaffung anfällt, gehört zu unseren Aufgaben: Angebote einholen, Bestellungen tätigen, Reklamationen bearbeiten, Rechnungsprüfung, natürlich die Verhandlungsführung sowie das Vereinbaren von Mengenkontrakten."

„Heißt das", fügte Herr Konrad hinzu, „dass jeder Einkäufer alles macht, lediglich die verschiedenen Materialgruppen werden auf die Anzahl an Personen aufgeteilt?"

„Ja, genauso ist es. Drei Einkäufer kaufen Produktionsmaterial ein, einer Dienstleistungen und einer Investitionsgüter. Nicht zu vergessen die Fachabteilungen, die auch eigenständig beschaffen."

Daraufhin fragte Herr Konrad, was der junge Mann schätze, wie viel Prozent der Arbeitszeit für die Disposition bzw. Bestellabwicklung und wie viel für Aufgaben zur Kostenreduzierung anfällt.

Nach kurzem Überlegen sagte dieser: „Ich gehe davon aus, dass es meinen Kollegen ähnlich geht wie mir. Bestimmt 75 % meiner Zeit brauche ich für die Bestellabwicklung und die Sicherstellung von Terminen."

„Was glauben Sie", fuhr der Einkaufsleiter fort, „nach welchen Kriterien bewertet wohl Ihre Geschäftsführung die Abteilung Einkauf?" Herr Leopold überlegte etwas länger und meinte dann: „Ich denke, die Sicherstellung von Qualität, Lieferterminen und ein günstiger Preis sind die entscheidenden Bewertungsfaktoren."

Herr Konrad stand auf, ging zu einem Flipchart und notierte folgende Formel:

$$\frac{\textbf{Umsatz} - \textbf{Kosten}}{\textbf{= Gewinn/Verlust}}$$

Abbildung 1: Gewinn/Verlust-Formel

„Herr Leopold, stellen Sie sich vor, Sie seien Geschäftsführer in Ihrem Unternehmen, was wäre Ihnen dann wohl am wichtigsten?"

„Einen vernünftigen Gewinn zu erwirtschaften?", fragte etwas zögerlich der junge Mann.

„Genau das! Machen Sie sich einmal Folgendes bewusst: Die Sicherstellung von Qualität und Pünktlichkeit der Lieferungen erwartet Ihr Geschäftsführer einfach von Ihnen. Das ist selbstverständlich. Doch was Ihr Geschäftsführer noch viel mehr von Ihnen erwartet, ist, dass Sie die geforderte Qualität und den Lieferservice zu optimalen Preisen einkaufen! Denn der Einkauf hat erheblichen Einfluss auf das Betriebsergebnis!"

„Ihr Verkauf", so der Einkaufsleiter, „ist zuständig für den Umsatz. Er hat eine grundlegende Position im Unternehmen. Ohne Umsatz brauchen wir auch keinen Einkauf. Doch machen Sie sich auch bewusst: Der Einkauf trägt die Verantwortung für den Löwenanteil aller unternehmerischen Kosten. Denn im Durchschnitt fallen 50 % aller Kosten in der Beschaffung an!"

„Was glauben Sie", fuhr Herr Konrad fort, „trägt mehr zum Unternehmensgewinn bei: eine Erhöhung des Umsatzes um 5 % oder – bei gleichem Umsatz – eine Senkung der Beschaffungskosten um 5 %?

Ohne dem jungen Mann die Gelegenheit zu geben, zu antworten, drehte der Einkaufsleiter seinen Laptop in Richtung seines Besuchers und zeigte die folgende Kalkulation:

Umsatzsteigerung vs. Kostenreduzierung

Ausgangssituation:

Umsatz	10.000.000 €	100,00 %
– Kosten	9.700.000 €	97,00 %
= Gewinn	300.000 €	3,00 %

Wir erhöhen den Umsatz um 5 %:

Umsatz	10.500.000 €	100,00 %
– Kosten	10.039.500 €	95,61 %
= Gewinn	460.500 €	4,39 %

Wir reduzieren die Beschaffungskosten um 5 %:

Umsatz	10.000.000 €	100,00 %
– Kosten	9.457.500 €	94,58 %
= Gewinn	542.500 €	5,43 %

Abbildung 2: Umsatzsteigerung vs. Kostenreduzierung

„Bei diesem einfachen Ansatz", erklärte der Einkaufsleiter, „haben wir nur 10 Mio. € als Jahresumsatz zugrunde gelegt. Alle anfallenden Kosten machen 97 % aus, das heißt der Gewinn beträgt in der Ausgangssituation 3 %.

Erhöhen wir den Umsatz um 5 %, wachsen natürlich auch die variablen Kosten entsprechend mit: Mehr Material sowie längere Maschinen- und Arbeitszeiten der Mitarbeiter sind notwendig, um den höheren Absatz bewältigen zu können. Lediglich die fixen Kosten bleiben überwiegend unberührt. Typische fixe Kosten sind zum Beispiel Gehälter, Mieten oder Leasinggebühren. Deswegen haben wir zur Vereinfachung in diesem Beispiel 70 % der Kosten für variable und 30 % für fixe Kosten angesetzt. Aus ehemals 9.700.000 € Kosten werden durch die Umsatzerhöhung jetzt 10.039.500 € Kosten, also 9.700.000 + (9.700.000 € x 70 % x 5 %). Der Gewinn steigt immerhin um 1,39 % auf 4,39 %.

Reduzieren wir dagegen – bei gleichem Umsatz – nur die Beschaffungskosten, die hier 50 % der Gesamtkosten ausmachen, um 5 %, ergibt sich ein sehr interessantes Ergebnis: Aus ursprünglichen 9.700.000 € Kosten werden jetzt 9.700.000 – (9.700.000 € x 50 % x 5 %) = 9.457.500 €. Der Gewinn steigt auf 5,43 % und hat sich damit fast verdoppelt! Ideal ist natürlich die Kombination aus Umsatzsteigerung und Kostenreduzierung."

Wie gebannt lauschte Herr Leopold den Ausführungen dieses außergewöhnlichen Einkaufsleiters. So hatte er die Bedeutung des Einkaufs noch nie betrachtet: Der Einfluss der Beschaffung auf das Unternehmensergebnis ist höher als eine Umsatzsteigerung!

„Nun, Herr Leopold", holte ihn der Einkaufsleiter zurück, „ich denke, Sie haben verstanden, um was es geht: Im Einkauf steckt ein großes Potenzial. Und wenn wir dieses Potenzial ausschöpfen, können wir erheblich zum Wohl unseres Unternehmens beitragen. Denn niedrigere Kosten erhöhen nicht nur den Gewinn, sondern auch die Wettbewerbsfähigkeit. Sicherlich tragen alle Abteilungen in einem Unternehmen zum Erfolg bei, doch wenn es um Kostenreduzierung geht, hat der Einkauf höchste Priorität."

Herr Konrad fuhr fort: „Damit dieses Potenzial ausgeschöpft werden kann, ist es unerlässlich, die Einkaufsorganisation zu optimieren. Deswegen fragte ich Sie vorhin, wie der Einkauf in Ihrem Unternehmen organisiert ist. Es macht keinen Sinn, wenn jeder Mitarbeiter für seine Produktgruppe alle Aufgaben erledigt, also Einkauf und Disposition/Bestellabwicklung. Und wie Sie bereits sagten, investieren Sie drei Viertel Ihrer Zeit nur für die Disposi-

Die richtige Einkaufsorganisation – Basis für Verbesserungen

tion. Das verbleibende Viertel reicht unmöglich aus, wettbewerbsfähige Preise zu erzielen."

„Da haben Sie recht, wir sind wirklich zeitlich total überlastet. Doch wie sieht die Lösung aus?"

Ohne eine Antwort zu geben, warf der Einkaufsleiter den Ball zurück: „Was schlagen Sie vor?"

Nach kurzem Überlegen meinte Herr Leopold: „Man müsste die Aufgaben irgendwie aufteilen, um mehr Zeit zu haben für das Wesentliche."

„Genau! Sie müssen Prioritäten setzen und sich auf Ihre Kernkompetenz konzentrieren." Herr Konrad ging wieder zum Flipchart und notierte:

Materialwirtschaft = Einkauf + Disposition + Logistik

Die richtige Einkaufsorganisation – Basis für Verbesserungen

„Erster Schritt sollte sein, dass Einkauf und Disposition getrennt werden. Dies macht Sinn bei wiederkehrenden Artikeln, für die ein Rahmenvertrag vereinbart wurde. Prüfen Sie einmal, wer von Ihren Kollegen eher der Disponent ist, dem das Bestellen und die Liefertermüberwachung Spaß machen. Ihn nennen wir den operativen Einkäufer. Und zum anderen finden Sie heraus, wem es mehr Freude bereitet, neue Lieferanten ausfindig zu machen, Preise zu verhandeln und Rahmenverträge zu vereinbaren. Das sind die Aufgaben des strategischen Einkäufers."

„Ja, aber verliere ich dann nicht mein Know-how als Einkäufer, wenn ich nur noch einen Teil der Arbeit mache?", warf Herr Leopold etwas empört ein.

„Sie haben recht, doch bedenken Sie einmal die Vorteile: Niemand ist auf allen Gebieten perfekt, jeder hat seine Talente, sagen wir Kernkompetenzen. Es hat sich gezeigt, wenn ich meine ganze Energie auf diese Kernkompetenzen richte, dass dann das Ergebnis am Ende besser ist. Das Gegenteil ist die Diversifikation, also das Verteilen der Energie auf mehrere Säulen, mit dem Ziel, überall erfolgreich zu sein. Die Erfahrung hat gezeigt, dass dies jedoch nicht möglich ist, da wir nur 100 % Energie zur Verfügung haben. Wir sollten stattdessen versuchen, die Gesamtenergie auf unsere Kernkompetenzen zu fokussieren, um Außergewöhnliches zu leisten."

17

„Ich glaube, Sie haben recht", gestand der junge Mann, „ein Hochleistungs-sportler wird auch nur in einer Sportart der Beste sein. Er mag zwar in vielen Disziplinen gut sein, doch Weltmeister wird normalerweise der Sportler, der sich auf diese eine Disziplin konzentriert."

„Genau!", bestätigte der Einkaufsleiter. „Probieren Sie es aus, Sie werden feststellen, dass Sie mehr Zeit für das Wesentliche gewinnen und sich Ihre Einkaufsergebnisse verbessern werden. Das eventuell durch die Trennung entstehende Kommunikationsproblem können Sie leicht lösen, indem beide nach wie vor in einem Raum zusammenarbeiten."

„Im nächsten Schritt könnten Sie einen sogenannten ‚Projekteinkauf' ins Leben rufen. Wissen Sie, um was es dabei geht?", fragte Herr Konrad.

Nach kurzem Überlegen antwortete Herr Leopold: „Ich denke schon. Auch wenn es so etwas noch nicht in unserem Unternehmen gibt, nehme ich an, dass es sich um Einkaufsaufgaben handelt, die übergreifend zum Tagesge-schäft ausgeführt werden."

„Sehr gut, junger Mann", rief der Einkaufsleiter beeindruckt und ergänzte: „Ab einer bestimmten Mitarbeiterzahl im Einkauf kann es Sinn machen, nochmals die Einkaufsorganisation zu verändern. Denn es gibt Aufgaben, die viel Zeit in Anspruch nehmen und somit nicht optimal während des Tagesgeschäftes erledigt werden können. Solche übergreifenden Aufgaben sind:

- weltweite Lieferantenrecherchen
- Volumenbündelung der Werke
- Teammitglied bei Entwicklungsgesprächen
- Wertanalysen und Prozessoptimierung
- Einführung eines E-Procurements

Das sind alles Werkzeuge, die erheblich dazu beitragen, die Beschaffungskos-ten zu reduzieren. Der Projekteinkäufer hat den Kopf frei vom Tagesgeschäft und kann sich voll und ganz auf diese A-Aufgaben konzentrieren. Wir kommen auf einige Punkte später zurück. Hier noch einmal eine Zusammen-fassung der bisherigen Erkenntnisse." Herr Konrad wechselte zur nächsten Seite in der Präsentation.

Die Stufen der Einkaufsorganisation

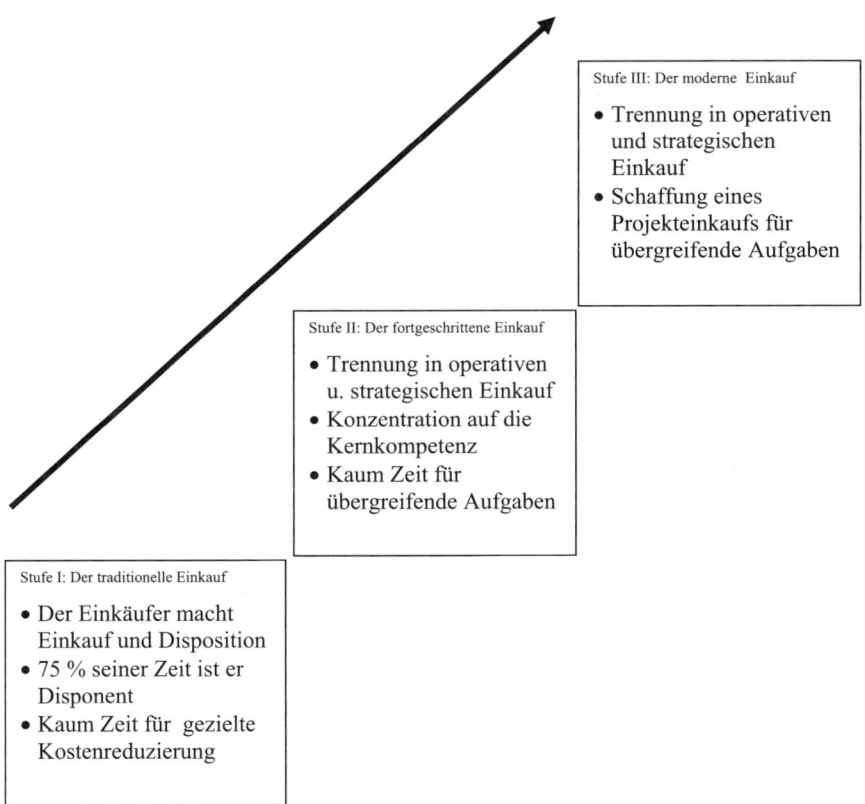

Stufe III: Der moderne Einkauf

- Trennung in operativen und strategischen Einkauf
- Schaffung eines Projekteinkaufs für übergreifende Aufgaben

Stufe II: Der fortgeschrittene Einkauf

- Trennung in operativen u. strategischen Einkauf
- Konzentration auf die Kernkompetenz
- Kaum Zeit für übergreifende Aufgaben

Stufe I: Der traditionelle Einkauf

- Der Einkäufer macht Einkauf und Disposition
- 75 % seiner Zeit ist er Disponent
- Kaum Zeit für gezielte Kostenreduzierung

Abbildung 3: Die Stufen der Einkaufsorganisation

„Das hört sich wirklich sehr interessant an", meinte Herr Leopold, „jedoch gibt es bei uns das Problem, dass nicht nur wir im Einkauf beschaffen, sondern auch noch andere Abteilungen damit beschäftigt sind – was uns sehr stört."

„Fahren Sie fort!"

„Ja, zum Beispiel bestellt unsere Technik manchmal Teile, ohne uns zu fragen. Da gab es einen Fall, bei dem in der Produktion fast jede Woche ein Ersatzteil für eine Anlage im Wert von 1.200 € beschafft wurde, ohne den

Einkauf zu informieren. Nachdem wir das Projekt an uns gezogen hatten, stellte sich heraus, dass ein Konstruktionsfehler an der Anlage vorlag, also die Ursache beim Lieferanten lag. Der Lieferant musste daraufhin den Fehler an der Anlage beheben und uns einen Betrag für unberechtigt erhaltene Zahlungen für dieses Ersatzteil zurückerstatten.

Jetzt könnte man meinen, der Einkauf hätte hierfür ein Lob erhalten sollen, doch weit gefehlt! Stattdessen gab es hintenherum Druck, nach dem Motto: Einkauf, lass deine Finger von Dingen, die dich nichts angehen! Es ist leider so. Unsere Technik hat eine sehr starke Lobby im Unternehmen."

„Da müssen Sie etwas verändern!", unterbrach ihn Herr Konrad energisch. „Damit die Beschaffungskosten auf ein Optimum reduziert werden können, muss dieses sogenannte Maverick-Buying (Anmerkung: Einkauf am Einkauf vorbei) der Fachabteilungen unterbunden werden.

Damit meine ich nicht die Disposition. Natürlich können Produkte oder Dienstleistungen, die immer wieder benötigt werden, direkt vom Verbraucher, zum Beispiel von Ihrer Technik, bestellt werden. Die Preishoheit sollte allerdings in der Hand des Einkaufs liegen, denn dieser hat die Aufgabe, Rahmenverträge mit optimalen Preisen und Konditionen zu schließen. Sind die Preise zwischen Einkauf und Lieferant vereinbart, kann und soll zu diesen Konditionen auch durch die verbrauchenden Abteilungen bestellt werden. Dazu eignet sich sehr gut ein E-Procurement, auf das wir später zu sprechen kommen. Ausnahme von dieser Regelung können Kleinstbeträge von zum Beispiel bis 200 € sein. Auch wenn die Fachabteilung Produkte bis zu diesem Betrag meist nicht optimal einkaufen wird, hat dies Vorteile: Der Einkauf wird entlastet und kann sich mehr um die großen Projekte kümmern."

„Das tut richtig gut, so etwas aus Ihrem Munde zu hören", freute sich Herr Leopold. „Doch da haben Sie in Ihrem Unternehmen Glück gehabt, dass hier der Einkauf mehr zu sagen hat."

„Moment mal!", widersprach der Manager mit Nachdruck. „Glauben Sie, dass es bei uns früher anders war? Wir hatten genau das gleiche Problem wie Sie heute, doch wir haben nicht nur gejammert, sondern etwas verändert! Was sind Sie bereit zu tun, um etwas an Ihrer Situation zu verändern?"

Der junge Mann war für einen Moment wie gelähmt. Ich soll etwas tun? Das ist doch Sache der Bereichsleitung oder der Geschäftsführung.

Als könnte er dessen Gedanken lesen, holte der Einkaufsleiter den jungen Mann sanft zurück: „Es freut mich, dass Sie zu mir gekommen sind. Es zeigt

Ihre Offenheit für Neues und Ihre Bereitschaft, an der aktuellen Situation in Ihrem Unternehmen etwas zu verbessern. Es gibt nur wenige, die so denken und handeln wie Sie."

Materialgruppenmanagement – Commodity Management – Lead Buyer

Herr Konrad setzte sich wieder auf seinen Stuhl und fuhr fort: „Es gibt noch etwas zu ergänzen bezüglich der Einkaufsorganisation. Und zwar wenn es um die Frage geht, ob zentral oder dezentral eingekauft werden soll. Handelt es sich um ein Unternehmen mit einem Standort, gilt die bereits genannte Regel: Die Einkaufsmacht gehört in der Regel zentral in den Einkauf.

In größeren Unternehmen mit mehreren Werken kann es allerdings durchaus Sinn machen, die Standorte dezentral selbst einkaufen zu lassen. Nämlich dann, wenn es sich um Produkte handelt, die nur für das jeweilige Zweigwerk bestimmt sind.

Die Beschaffung von Gleichteilen, also Produkten oder Dienstleistungen, die in mehreren Werken benötigt werden, sollte jedoch über einen zentralen Einkauf organisiert werden. Ziel ist es, Volumeneffekte zu nutzen. Für allgemeine Dinge wie Fuhrpark oder Büromaterial kann dies in der Hauptverwaltung erfolgen. Für Produktionsteile ist es jedoch sinnvoller, sogenannte Lead Buyer einzusetzen. Diese Mitarbeiter sitzen in den Werken und übernehmen – neben ihrem Tagesgeschäft – die Aufgabe, für eine bestimmte Materialgruppe, auch Commodity genannt, die Bedarfsmengen der verschiedenen Werke zu bündeln und zentrale Rahmenverträge mit den Lieferanten zu schließen. Der Vorteil ist, dass diese Mitarbeiter dezentral in den Werken sitzen und trotzdem zentrale Aufgaben übernehmen. Sie kennen das operative Geschäft besser als ein Zentraleinkäufer in einer Hauptverwaltung und können bei Problemen schneller reagieren. Diese Lösung ist die Symbiose aus zentralem und dezentralem Einkauf und wurde von vielen Großunternehmen erfolgreich umgesetzt. Die Disposition und der Abruf beziehungsweise die Bestellung zum Rahmenvertrag erfolgen durch die operativen Einkäufer in den Werken."

Nach einer kurzen Pause fragte der Einkaufsleiter: „Nun, Herr Leopold, wie fühlen Sie sich im Moment?"

„Einfach gut! Ich bin so froh, dass es Unternehmen wie Sie gibt, die bestätigen, dass es auch anders gehen kann. Das gibt mir Antrieb, es trotzdem zu versuchen, obwohl unser Einkaufsleiter bisher damit wenig Erfolg hatte."
„Erzählen Sie, junger Mann, was passierte."

Werden Sie ein Entrepreneur!

„Unser Einkaufsleiter erzählte mir, dass er selbst bereits die Idee hatte, die Einkaufsorganisation zu ändern. Diese Idee scheiterte allerdings, weil die Geschäftsführung dagegen war."
„Woran lag es, dass Ihre Geschäftsführung die Änderung ablehnte?", wollte Herr Konrad wissen.
„Wenn ich das nur wüsste. Mein Chef wollte mir hierzu keine weiteren Erläuterungen geben."
„Wenn Sie etwas in Ihrem Unternehmen verändern wollen, müssen Sie handeln wie ein Entrepreneur", meinte der Einkaufsleiter und fragte: „Wissen Sie, was ein Entrepreneur ist?"
„Nein."
„Das Wort kommt aus dem Französischen und bedeutet ‚Unternehmer zu sein im Unternehmen', also: obwohl ich nur Angestellter bin, denke ich so, als wäre ich der Geschäftsführer in dieser Firma. Und wenn ich denke, ich sei der Chef, dann handle ich auch wie ein Chef."
„Ich kann Ihnen nicht so ganz folgen", sagte Herr Leopold vorsichtig.
„Ganz einfach, junger Mann. Tun Sie einfach das, was Sie für das Gesamtunternehmen als wertvoll und richtig erachten. Fragen Sie nicht erst Ihren Vorgesetzten, sondern kommen Sie ins Handeln! Entscheidend dabei ist, dass Sie nicht nur an Ihren eigenen Vorteil oder den Vorteil für Ihre Abteilung denken, sondern das Unternehmen ganzheitlich betrachten. Die Entscheidung, etwas zu verändern, soll zum Wohle des Gesamtunternehmens und nicht aufgrund von Abteilungsegoismus getroffen werden."
„Sie meinen, unser Einkaufsleiter hätte die Einkaufsorganisation ändern sollen, ohne die Geschäftsführung zu fragen?", fragte Herr Leopold.
„Manchmal ist das notwendig, um wichtige Schritte einzuleiten. Ein Entrepreneur ist bereit, ein gewisses Risiko zum Wohle des Unternehmens einzugehen. Und wenn sich später der Vorgesetzte beschwert, dann kann er

sich für sein vermeintliches Fehlverhalten immer noch entschuldigen. Was meinen Sie, Herr Leopold?"

Etwas verdutzt und gleichzeitig begeistert antwortete der junge Mann: „Ich möchte wetten, Sie sind ein Entrepreneur." Beide lachten herzlich.

Global Sourcing – weltweite Lieferantenrecherchen – Mit der ABC-Analyse Prioritäten setzen

„Lassen Sie uns jetzt fortfahren mit einem weiteren wichtigen Thema", ergriff Herr Konrad das Wort. „Wie stellen Sie fest, ob die Preise, die Sie gegenwärtig bezahlen, auch wettbewerbsfähig sind?"

„Nun, wir holen immer mal wieder ein Angebot ein, um zu vergleichen. Zum Beispiel fragen wir bei Unternehmen an, die uns ihren Firmenprospekt zuschicken. Liegt der Preis des Wettbewerbers erheblich unter dem aktuellen Preis, versuchen wir in der Verhandlung mit unserem Lieferanten den Preis zu senken."

„Junger Mann, hören Sie zu, was ich Sie fragte!", erwiderte der Einkaufsleiter streng. „Ich fragte Sie nicht, wie Sie mit einem Angebot versuchen, Ihren Lieferanten zu drücken, sondern wie Sie feststellen, ob Ihre Preise wettbewerbsfähig sind."

Etwas verunsichert antwortete Herr Leopold: „Ja, aber wie soll es dann funktionieren?"

„Ab und zu einmal ein Angebot einzuholen, am besten nur von solchen Unternehmen, die Ihnen eine Broschüre senden", so der Einkaufsleiter, „damit ist es nicht getan. Sie müssen schon umfassender und strukturierter eine Marktuntersuchung durchführen. Beginnen sollten Sie mit laufenden Produkten, die einen hohen Einkaufsumsatz pro Jahr haben. Doch wie finden Sie das heraus?"

„Ja, ja", erwiderte der junge Mann, „Sie haben ganz recht, wir sollten all diese Daten aus unserer EDV ziehen können, doch leider sind wir noch nicht so weit. Wir erhalten natürlich einige Listen, doch nicht sortiert nach unseren Wünschen – das ist leider mit unserem System nicht möglich."

„Herr Leopold", unterbrach ihn der Einkaufsleiter, „denken Sie zurück an unseren ‚Entrepreneur'. Glauben Sie nicht alles, was Ihnen erzählt wird!

Meine Erfahrung ist, dass es eigentlich immer möglich ist, alle notwendigen Daten zu erhalten. Sie müssen nur beharrlicher sein!"

Herr Konrad stand auf, ging zum Fenster und sagte: „Ich erzähle Ihnen die Geschichte eines unserer Lieferanten. Diesen Lieferanten mit nur 150 Mitarbeitern besuchten wir im Zusammenhang mit einer Wertanalyse. Ziel dieses Workshops war es, durch gemeinsame Anstrengungen Möglichkeiten für Kostenreduzierungen zu entdecken. Dazu gehörte unter anderem ein Abgleich der Einkaufsaktivitäten mit diesem Lieferanten. Auch er hatte keine oder nur wenig aussagekräftige Listen, hergestellt mit einem Standard-Warenwirtschaftssystem. Doch jetzt halten Sie sich fest: Nachdem wir dem EDV-Mitarbeiter aufgezeigt hatten, welche Daten wir für den Einkauf brauchten, konnte dieser Mann in nur zwei Tagen (!) genau diese Liste erstellen! Und nicht nur das, es war seitdem möglich, diese Liste nach den Wünschen des Einkaufs neu zu sortieren und in ein Tabellenkalkulationsprogramm direkt auf den Bildschirm des Einkäufers zu transferieren. Toll! Und da erzählen Sie mir, dass Ihre EDV-Abteilung das nicht schafft?"

„Sie haben recht, ich werde morgen sofort mit unserer EDV-Leitung sprechen", pflichtete der junge Mann dem Einkaufsleiter bei.

„Auf was Sie achten sollten", ergänzte Herr Konrad, während er zu seinem Schreibtisch ging und die Liste seines Unternehmens holte, „ist, dass folgende Daten enthalten sind:

1   Sortierung nach Lieferantenname bzw. -nummer
2   Darunter alle Produkte, die dieser Lieferant liefert und jeweils rechts davon die Daten für die drei letzten Jahre sowie der Planbedarf für das nächste Jahr:
    –   Anzahl der Lieferungen pro Jahr
    –   Jahresbedarf bzw. Planbedarf
    –   letzter Stückpreis
    –   Durchschnittspreis pro Jahr
    –   Einkaufsumsatz je Produkt
3   Darunter die Summe der Einkaufsumsätze pro Jahr

Muster einer Einkaufsliste – sortiert nach Lieferant

Lieferant Nr./Name	Materialnummer Bezeichnung	2004					2005					2006					2007
		Anz	Menge	Umsatz	D-Preis	L-Preis	Anz	Menge	Umsatz	D-Preis	L-Preis	Anz	Menge	Umsatz	D-Preis	L-Preis	Plan Menge
1234567 Meyer	1428.010-1230 Hülse	14	4800	6.624,00	1,38	1,38	12	4300	5.762,00	1,34	1,34	18	9600	12.814,00	1,33	1,32	10000
	1423.011-1540 Blende	8	3800	2.964,00	0,78	0,78	4	2750	2.200,00	0,80	0,80	7	4200	3.276,00	0,78	0,78	4500
	1324.012-1345 Regler	24	24800	57.784,00	2,33	2,33	18	17800	43.966,00	2,47	2,47	25	26000	62.920,00	2,44	2,40	28000
	1423.012-1380 Blende	9	4200	2.814,00	0,67	0,67	8	3900	2.808,00	0,72	0,72	11	4300	2.967,00	0,69	0,69	5000
	Summe:			70.186,00					54.736,00					81.977,00			
2457698 Minolt	1120.012-1718 Pin	4	28450	3.129,50	0,11	0,11	4	29300	3.223,00	0,11	0,11	5	30250	3.630,00	0,12	0,12	30000
	1120.012-1425 Pin	17	54320	9.234,40	0,17	0,17	15	48720	8.769,60	0,18	0,18	18	57600	9.792,00	0,17	0,16	60000
	Summe:			12.363,90					11.992,60					13.422,00			
2557789 Moltav	1058.017-2318 Schiene links	12	24300	181.035,00	7,45	7,45	11	22050	167.580,00	7,60	7,60	14	26550	199.125,00	7,50	7,50	28000
	1058.017-2319 Schiene rechts	12	24300	174.960,00	7,20	7,20	12	22050	160.965,00	7,30	7,30	14	26550	192.487,50	7,25	7,25	28000
	Summe:			355.995,00					328.545,00					391.612,50			

Abbildung 4: Muster einer Einkaufsliste

„Mit dieser Liste", erklärte Herr Konrad, „können Sie alle Daten heranziehen, die für eine erfolgreiche Arbeit im Einkauf benötigt werden. In unserem Beispiel haben Sie eine komplette Übersicht über jeden Lieferanten. Sie sehen auf einen Blick sämtliche Produkte, die er liefert, sowie die Preis- und Umsatzentwicklung. Ergänzen könnten Sie noch die Kontaktadresse, die Liefer- und Zahlungsbedingungen sowie die Nennung des dazugehörigen Rahmenvertrages.

Wichtig ist, dass Sie diese Liste neu sortieren können, und zwar nach Materialnummer und Materialbezeichnung. Dann sehen Sie, welche Lieferanten gleiche oder ähnliche Teile liefern. Die Aufgabe lautet dann, Gleichteile beziehungsweise ähnliche Teile anstatt bei mehreren nur bei zwei bis drei Lieferanten zu platzieren. Diese Bündelungseffekte wirken sich in Form von Mengenrabatten natürlich auf die Preise aus."

„Eine gute Sache", meinte Herr Leopold und ergänzte: „Ich glaube, es ist zusätzlich wichtig, die Liste nach Lieferanten und deren Jahresumsätzen zu sortieren, damit wir auch eine ABC-Analyse der Lieferanten durchführen können."

„Genau, junger Mann!", entgegnete ihm der Einkaufsleiter. „Sie haben erkannt, um was es geht. Eine Sortierung nach abfallenden Lieferantenumsätzen zeigt uns, welches unsere größten Lieferanten sind. Planen wir eine Verhandlungsrunde, dann macht diese natürlich nur bei den größeren Lieferanten Sinn. Wie würden Sie denn Ihre Lieferanten nach A, B und C einteilen?"

„Wir haben nur wenige große Lieferanten. Bei einem Einkaufsvolumen von aktuell 25 Millionen € pro Jahr verteilen sich unsere Lieferanten ungefähr wie folgt:

A: 30 Lieferanten mit mehr als 0,5 Mio. € Umsatz (10 %)
B: 60 Lieferanten zwischen 0,1 Mio. und 0,5 Mio. € (20 %)
C: 210 Lieferanten kleiner 0,1 Mio. € (70 %)

Planen wir eine Verhandlungsrunde, kommen eigentlich nur die A- und B-Lieferanten in Frage. Die Vorgehensweise bei kleineren Lieferanten müsste anders sein."

Der Einkaufsleiter lehnte sich auf seinem Stuhl entspannt zurück und fuhr fort: „Gut, darauf kommen wir später zu sprechen. Lassen Sie uns jetzt auf das

Thema ‚Marktuntersuchung' zurückkommen. Es ist natürlich auch hier wichtig, die Umsatzträger bei den Materialgruppen herauszufinden. Es macht nämlich keinen Sinn, unsere Zeit für eine aufwendige Untersuchung unbedeutender Produkte zu verschwenden. Damit wir also die Umsatzträger herausfinden können, ist es wichtig, die Einkaufsliste auch nach den Jahresumsätzen der einzelnen Produkte innerhalb einer Materialgruppe abfallend zu sortieren."

„Was meinen Sie mit ‚innerhalb einer Materialgruppe'?", wollte Herr Leopold wissen.

„Wenn Sie eine Anfrageaktion starten", so der Einkaufsleiter „dann sollte diese als Paket geschnürt sein. Es ist unsinnig, nur jeweils das Produkt mit dem höchsten Umsatz anzufragen, da der neue Anbieter auch für Kleinserien beweisen soll, dass er zu den Besten zählt – natürlich bei gleicher Qualität und gutem Lieferservice. Wenn Sie das nicht tun, sondern Ihrem bisherigen Lieferanten nur die Umsatzträger abziehen, dann kann es sehr schnell passieren, dass Ihr alter Lieferant für die verbleibenden Kleinserien massive Preiserhöhungen fordert. Also fragen Sie immer im Paket an, um optimale Preise je Materialgruppe zu erzielen. Nicht der Preis des Einzelproduktes ist entscheidend, sondern der Einkaufsumsatz des ganzen Pakets. Verstanden?"

Der junge Mann nickte nachdenklich.

Welche Quellenverzeichnisse nutzen Sie?

„Wie finden Sie denn Lieferantenadressen für Ihre Anfrage?", wollte Herr Konrad wissen.

„Da gibt es eine Reihe von Möglichkeiten", meinte Herr Leopold. „Zum Beispiel Quellenverzeichnisse wie *Kompass*, *Hoppenstedt* oder *Wer liefert was*. In den Suchmaschinen fündig zu werden dauert oft sehr lange. Einfacher ist es, direkt auf die oben genannten Anbieter von Quellenverzeichnissen zuzugreifen."

„Kennen Sie AUMA?", fragte Herr Konrad.

„Nein."

„AUMA (Ausstellungs- und Messe-Ausschuss der Deutschen Wirtschaft e.V., Köln) ist ein Messeverzeichnis. Auf deren Website **www.auma.de**

können Sie auf Daten aller registrierten Messen weltweit zugreifen. Das Suchprogramm ist nach Branchen und Ländern sortierbar."

„Das hört sich gut an", meinte Herr Leopold, „jedoch werden wir nie auf Messen geschickt – das behält sich unser Einkaufsleiter für sich selbst vor."

Daraufhin entgegnete ihm Herr Konrad: „Dass Sie und Ihre Kollegen keine Messen besuchen dürfen, ist schon eine mittlere Katastrophe, jedoch auch dann ist die Nutzung einer Messeübersicht sehr nützlich. Denn Sie finden erstens heraus, welche Messen überhaupt für Ihre zugekauften Produkte in Frage kommen, und zweitens können Sie sich unabhängig von einem Messebesuch den jeweiligen Messekatalog zusenden lassen. Denn in diesem Verzeichnis finden Sie nicht nur Daten zur Messe, sondern auch die Verlagsanschrift für die Katalogbestellung. Und diese Messekataloge sind hervorragend geeignet, um neue Lieferanten zu finden."

Herr Konrad fuhr fort: „Erwähnenswert ist auch, dass manche Messeveranstalter den Messekatalog ins Internet stellen, was bedeutet, dass Sie direkt an Ihrem Computer den Messekatalog nach neuen Lieferquellen durchsuchen können."

„Das werde ich morgen gleich ausprobieren!", sagte der junge Mann dankbar, denn diese Information war für ihn sehr wertvoll.

„Neben den genannten Quellenverzeichnissen gibt es natürlich noch andere Möglichkeiten, um an interessante Adressen heranzukommen. Was Sie auf jeden Fall nutzen sollten, sind die Außenstellen der Industrie- und Handelskammern. In einer Vielzahl von Ländern gibt es die sogenannten Außenhandelskammern. Diese helfen deutschen Unternehmen bei den unterschiedlichsten Fragen, zum Beispiel auch bei der Suche nach neuen Lieferanten. Oft sitzt vor Ort auch ein deutschsprachiger Mitarbeiter, was die Kommunikation erleichtert. Jedoch verstehen Sie mich nicht falsch: Englisch als Fremdsprache ist für den Einkäufer selbstverständlich! Wie sieht es denn mit Ihren Englischkenntnissen aus?"

„Nun ja", meinte Herr Leopold, „Basiswissen ist schon vorhanden, nur haben wir zu wenig Praxis, da unsere Lieferanten fast alle aus Deutschland kommen."

„Dann haben Sie jetzt Gelegenheit, etwas dafür zu tun. Global Sourcing verlangt nämlich von Ihnen gute Englischkenntnisse. Das heißt nicht, dass Sie perfekt sein müssen. Es bedeutet lediglich, dass Sie den benötigten Wortschatz und etwas Small Talk selbstsicher beherrschen. Wissen Sie, warum so wenig Einkäufer weltweite Marktuntersuchungen durchführen?"

Ohne dem jungen Mann die Möglichkeit zu antworten zu geben, sagte der Einkaufsleiter: „Nicht etwa nur, weil sie zu wenig Zeit haben, nein, sondern vor allem deswegen, weil sie Hemmungen haben, Englisch zu sprechen."

Nach einer Weile fragte Herr Leopold: „Was kann man tun, wenn es für bestimmte Länder keine Außenhandelskammer gibt?"

„Prüfen Sie zuerst einmal, ob es in Deutschland eine Vertretung dieser Länder gibt. Das kann die ausländische Handelskammer in Deutschland sein, das Fremdenverkehrsamt oder die Botschaft. Schließlich gibt es noch die deutsche Botschaft in den Ländern, die ebenfalls Kontakte knüpfen kann. Irgendwie bekommen Sie Hilfe – entscheidend ist, dass Sie geduldig dranbleiben!"

Die Anfrageaktion

„Nachdem Sie genügend potenzielle neue Quellen ausfindig gemacht haben, wie gehen Sie dann vor?", wollte Herr Konrad wissen.

„Dann stelle ich die Anfrageunterlagen zusammen, die je nach Produkt aus einer Zeichnung, einer Spezifikation oder einem Datenblatt bestehen. Ich schreibe je Lieferant eine Anfrage, die den Jahresbedarf sowie Daten zu Verpackungsart und Lieferkonditionen beinhaltet. Und wie besprochen frage ich verschiedene Produkte einer Materialgruppe als Paket an", antwortete Herr Leopold.

„So weit ganz gut, doch noch eine Frage: Nehmen wir an, Sie haben fünfzig Adressen für diese Anfrage gesammelt. Schicken Sie dann an alle unbekannten Lieferanten die kompletten Unterlagen? Findet da nicht ein gefährlicher Know-how-Transfer statt?"

Während Herr Leopold darüber nachgrübelte, ergriff der Einkaufsleiter wieder das Wort und sagte: „Es hat sich gezeigt, dass es sinnvoller ist, nicht gleich die komplette Anfrage, sondern stattdessen erst einmal nur eine Firmenbroschüre, zusammen mit einem Anschreiben und einem Fragebogen, an die ausgewählten Unternehmen zu verschicken. In dieser Firmenbroschüre sollten, neben der Vorstellung Ihres Unternehmens, die von Ihnen hergestellten Produkte und zugekauften Teile als Foto abgebildet sein. Damit erleichtern Sie dem Empfänger erheblich das Verständnis, um was es geht. Sie kennen doch das Sprichwort: ‚Ein Bild spricht mehr als tausend Worte'.

Auf einen Blick kann der andere erkennen, ob die dargestellten Produkte in sein Sortiment passen oder nicht.

Falls ja, hat er mit dem beigefügten Fragebogen die Möglichkeit, Ihnen wertvolle Daten zu übermitteln, die Sie benötigen, um die Entscheidung für eine komplette Anfrage zu treffen."

Herr Konrad holte aus einer Schublade einen solchen Fragebogen und legte ihn dem jungen Mann hin.

Muster eines Fragebogens

Sie haben mit unserem Anschreiben eine Einkaufsbroschüre erhalten. Bevor wir Ihnen unsere Anfrageunterlagen zukommen lassen, bitten wir Sie, die folgenden Fragen zu beantworten:

1. Welche der aufgezeigten Materialgruppen passen in Ihr derzeitiges Fertigungsprogramm?
2. Welche Technologien stehen zur Verfügung?
3. Verfügen Sie über einen eigenen Werkzeugbau?
4. Haben Sie Exporterfahrung mit Deutschland? Nennen Sie bitte einige Referenzen.
5. Ist Ihr Unternehmen bereits zertifiziert? Nach welchem QS-System?

6. Haben Sie Entwicklungserfahrung?

7. Können Sie technische Zeichnungen mit elektronischer Post empfangen?

8. Welche Erfahrungen haben Sie mit Wertanalyse?

9. Bitte nennen Sie uns einige Daten zu Ihrem Unternehmen: Gesamtumsatz: Anzahl Mitarbeiter: Zweigwerke in: Ansprechpartner:

„Mit der Beantwortung dieser Fragen", führte Herr Konrad das Gespräch fort, „können Sie sehr schnell erkennen, ob der Lieferant für Ihr Unternehmen in Frage kommt. Manche beantworten Ihr Schreiben gar nicht, manche nur lückenhaft. Nach einer Vorsortierung können Sie dann den interessanten Lieferanten die komplette Anfrage zukommen lassen."

„Anstatt den Fragebogen und die Broschüre zu verschicken", ergänzte der Einkaufsleiter, „könnten Sie auf Ihrer Firmen-Website im Internet einen Link zum Einkauf erstellen. Dann können die potenziellen Lieferanten direkt auf Ihrer Homepage die Produkte und weitere Daten einsehen und den Fragebogen online beantworten. Im Grunde müssen Sie dann nur noch die ausgewählten Lieferanten darüber informieren, sich die notwendigen Daten im Internet zu holen. Dies spart Ihnen nochmals einiges an Mühen."

„Und außerdem sparen wir eine Menge Zeit und Porto", ergänzte der junge Mann.

„Gut, dass Sie auf das Thema Zeit zu sprechen kommen", sagte der Einkaufsleiter. „Sie können sich vorstellen, dass solch eine Anfrageaktion viel Zeit in Anspruch nimmt. Außerdem ist es schwierig, für alle Länder der Welt den Markt zu kennen. Es gibt jedoch eine Lösung."

Einkaufen im Team – der Global-Sourcing-Prozess

„Haben Sie schon einmal daran gedacht, Ihre Kollegen bei einer Anfrageaktion mit einzubeziehen?", wollte der Einkaufsleiter wissen.

„Nein, denn das macht bei der Vielseitigkeit unserer Produkte keinen Sinn. Jeder Einkäufer ist zu 100 % selbst für seine Artikel zuständig."

Herr Konrad stand auf und begann im Raum langsam auf und ab zu gehen.

„Herr Leopold, ich kann mir wohl vorstellen, dass die Komplexität der zugekauften Teile hoch ist – das ist bei uns nicht anders. Ziel ist es auch nicht, das Know-how auf alle Einkäufer in Ihrem Unternehmen zu verteilen. Es geht lediglich darum, die Aufgaben einer Anfrageaktion aufzuteilen, um somit Synergieeffekte zu erzielen. Wissen Sie, was ein Synergieeffekt ist?"

Der junge Mann antwortete: „Es bedeutet, dass beim Zusammenwirken mehrerer Partner das Gesamtergebnis größer ist als die Summe aus den Ergebnissen der Einzelpersonen."

„Genau!" Herr Konrad ging zum Flipchart und schrieb folgenden Satz auf:

$$1 + 1 = 2{,}5$$

„Genau das", fuhr Herr Konrad fort, „bedeutet Synergieeffekt. Damit Sie diesen Effekt auch im Einkauf nutzen können, ist es wichtig, Beschaffungsteams zu bilden. Hervorragend geeignet hierfür ist die gemeinsame Anfrageaktion. Sie sparen Zeit, untersuchen den Weltmarkt intensiver und erhalten dadurch noch bessere Ergebnisse. Eine konzertierte Anfrageaktion verlangt folgende Voraussetzungen:

- Aufteilung der Materialgruppen auf die Einkäufer
- Aufteilung der Welt in Bezirke – jeder Einkäufer ist für einen Bezirk zuständig

Abhängig von der Bezirksdefinition ist die Anzahl an Einkäufern, über die das Unternehmen verfügt. In Ihrem Beispiel könnte das wie folgt aussehen:

- Einkäufer 1: zuständig für Bezirk I: Westeuropa I
- Einkäufer 2: zuständig für Bezirk II: Westeuropa II
- Einkäufer 3: zuständig für Bezirk III: Osteuropa

- Einkäufer 4: zuständig für Bezirk IV: Amerika
- Einkäufer 5: zuständig für Bezirk V: Asien

Je größer der Einkauf, desto detaillierter können die Länder aufgeteilt werden. In einem Unternehmen mit zwanzig Einkäufern ist das natürlich viel differenzierter möglich. Bei mehreren Standorten können ideal Sprach- und Kulturkenntnisse genutzt werden."

Die sieben Schritte einer konzertierten Anfrageaktion

1 Aufteilung der Materialgruppen
2 Aufteilung der Welt in Bezirke
3 Jeder Einkäufer ist sowohl für seine Materialgruppe als auch für seinen Bezirk zuständig
4 Wird eine Materialgruppe des Einkäufers A untersucht, bereitet dieser die Anfrage vor und verteilt die Unterlagen an seine Kollegen. Jeder Einkäufer fragt nun in seinem Bezirk dieses Serienteil an und übermittelt die besten Angebote an den zuständigen Einkäufer A, der den Angebotsvergleich durchführt
5 In einem gemeinsamen Meeting aus Einkauf, Technik und Qualitätssicherung werden die Ergebnisse vorgestellt und neue Targets (Zielpreise) gesetzt. Daraufhin werden die besten Lieferanten nochmals angeschrieben mit der Bitte um Abgabe eines Nachtragangebotes
6 Mit den verbleibenden Lieferanten werden Verhandlungen sowie technische Gespräche geführt
7 Gemeinsam im Team aus Einkauf, Technik und Qualitätssicherung wird über die Auftragsvergabe entschieden

„Ja, aber was ist, wenn die potenziellen Lieferanten Fragen haben? Dann müssten die Einkäufer über alle Produkte Bescheid wissen. Wie soll das gehen?"
„Die Einkäufer bleiben Fachleute wie bisher für ihre Produkte. Gibt es Fragen bei der Marktuntersuchung einer Materialgruppe eines Kollegen, verweisen sie an den zuständigen Einkäufer. Natürlich bleibt dieser der Lead Buyer und muss Rede und Antwort für seine Produkte stehen. Bei außergewöhnlichen

Fragen wird auch er noch den Techniker hinzuziehen müssen", erwiderte Herr Konrad.

„Außerdem ist dieses System gerecht, da jeder Einkäufer für seine Kollegen Unterstützung leistet und er genauso bei der Untersuchung seiner Produkte Hilfe von seinen Kollegen erhält. Die Ergebnisse werden auf jeden Fall besser sein, da eine Arbeitsteilung und Spezialisierung auf bestimmte Länder eine intensivere Marktuntersuchung zur Folge hat. Stellen Sie sich vor, Sie müssten für alle Länder auf dieser Erde Einkaufsexperte sein, könnten Sie das?"

„Natürlich nicht", antwortete Herr Leopold. „Ich habe verstanden, um was es geht und was die Vorteile sind."

Lieferantenauswahl und Lieferantenbewertung

Nach einer kurzen Pause fragte der junge Mann: „Nach welchen Kriterien wählen Sie den besten Lieferanten aus? Nur nach dem Preis – das kann ich mir nicht vorstellen."

„Natürlich nicht", erwiderte Herr Konrad. „Neben dem Preis gibt es weitere wichtige Faktoren für die Lieferantenbewertung. Grundsätzlich kann man in drei Bereiche unterscheiden." Der Einkaufsleiter stand auf und ging zum Flipchart. Dort zeichnete er das in Abbildung 5 gezeigte Bild auf.

„Den Preis isoliert zu betrachten, nach dem Motto ‚Hauptsache billig', das kann sehr schnell ins Auge gehen. Natürlich sollen diesem Preis auch eine angemessene Qualität und ein guter Lieferservice gegenüberstehen. Zu viele Unternehmen sind wegen einer vermeintlich hohen Einsparung zu einem neuen Lieferanten gewechselt, um bald darauf zu ihrem alten zurückzukehren", erklärte Herr Konrad. „Andersherum darf nicht der Eindruck entstehen, dass nur eine gute Qualität und ein guter Lieferservice entscheidend sind für die Lieferantenauswahl. Ziel sollte es vielmehr sein, eine Symbiose aus den drei genannten Faktoren Qualität, Service und Preis zu bilden."

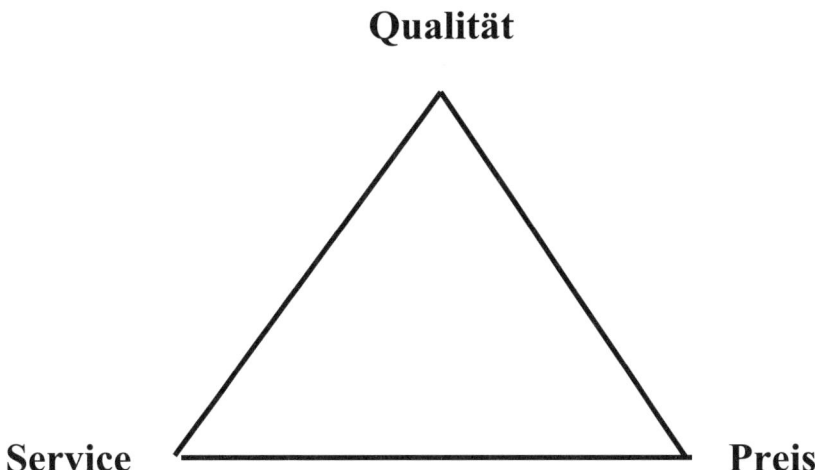

Abbildung 5: Dreieck: Qualität – Service – Preis

Der junge Mann lächelte. Er bewunderte diesen Menschen, der als Einkaufsleiter handelte wie ein Unternehmer. „Schade, dass es in unserem Betrieb nicht so funktioniert – noch nicht!", dachte der junge Mann und begann über das ganze Gesicht zu strahlen.

„Hinter den genannten Oberbegriffen Qualität, Service und Preis", fuhr Herr Konrad fort, „verstecken sich eine Reihe weiterer Kriterien, die bei der Auswahl der Lieferanten – soweit bekannt – geprüft werden sollten." Der Einkaufsleiter wechselte erneut zu einem anderen Schaubild auf seinem Computer.

Checkliste Lieferantenbewertung

Checkliste Qualität

- Wurde das Unternehmen zertifiziert? Wie ist das Ergebnis Ihres Audits?
- Auf welche Produkte ist der Lieferant spezialisiert?
- Welche Maschinen/Technologien hat er im Einsatz?
- Wie ist die Qualität der Musterteile und gelieferter Serienprodukte (ppm)?

Checkliste Service

- Bietet der Lieferant Entwicklungsleistung an? Bietet er technische Unterstützung?
- Ist der Lieferant flexibel bei Änderungen? Wie sind seine Kapazitätsreserven?
- Wie sind seine Lieferzeiten? Werden Liefertermine und -mengen eingehalten?
- Ist der Lieferant bereit, auch in ein Konsignationslager zu liefern?
- Hat er eine Hotline? Wie ist die Erreichbarkeit des Ansprechpartners?
- Wie ist seine Reaktionszeit bei Reklamationen?

Checkliste Preis

- Gesamtkostenbetrachtung: Sind seine Entwicklungs- und Werkzeugkosten, Stückpreise, Liefer- und Zahlungskonditionen wettbewerbsfähig?
- Ist sein Preisniveau auch bei Kleinserien interessant (Paketanfrage)?
- Erhalten wir zum Angebot die Kalkulation?
- Gibt der Lieferant bei Neuentwicklungen Richtpreise ab?
- Bietet er das Ersatzteilgeschäft zu gleichen Konditionen an?

Checkliste Sonstiges

- Welche Referenzen kann der Lieferant nachweisen? Ist er auf Messen vertreten?
- Gibt es Gegengeschäfte, d.h., ist der Lieferant auch Kunde von uns?
- Welche Erfahrungen hat er mit wertanalytischen Maßnahmen?
- Wie sind die Machtverhältnisse? Gibt es Abhängigkeiten?
- Welche Erfahrungen hat er mit wertanalytischen Maßnahmen?
- Wie ist seine Bonität? Hat er eine Haftpflichtversicherung?

„Was bedeutet ppm-Quote?", wollte Herr Leopold wissen.

„Es geht um die Ermittlung der Qualität der gelieferten Teile", antwortete der Einkaufsleiter und ergänzte: „Ihr Wareneingang führt Stichproben bei der Anlieferung von Produkten durch. Stellt er Produkte fest, die defekt sind oder nicht den Vorgaben entsprechen, wird darüber eine Statistik geführt. Ppm heißt ,parts per million' und stellt die Einheit für fehlerhaft gelieferte Teile in einigen Branchen dar. Die Formel für die Ermittlung der ppm-Quote lautet:

$$\frac{\text{Anzahl fehlerhaft gelieferter Teile} \times 1.000.000}{\text{Summe aller gelieferten Teile}}$$

Nehmen wir an, in den letzten drei Monaten hat Ihr Lieferant insgesamt 12.000 Teile geliefert, von denen 30 Stück fehlerhaft waren, dann lautet die Rechnung:

$$\frac{30 \times 1.000.000}{12.000} = 2.500 \text{ ppm}$$

In Ihrer Statistik haben Sie die Lieferqualität beispielsweise wie folgt eingeteilt:

0–500 ppm	501–1000 ppm	1001–3000 ppm	> 3000 ppm
A-Lieferant	AB-Lieferant	B-Lieferant	C-Lieferant

Dies würde aussagen, dass Ihr Lieferant aktuell nur als B-Lieferant eingestuft ist, was für Sie als Einkäufer auf jeden Fall Thema bei der nächsten Verhandlungsrunde werden sollte. Haben Sie noch Fragen?"

„Sie erwähnten einige Male das Konsignationslager", erwiderte der junge Mann. „Was verstehen Sie genau darunter?"

„Es gibt viele Begriffe dafür", antwortete Herr Konrad. „Konsignationslager, Speditionslager, Kommissionslager, Warehouse. Die Bedeutung ist immer die gleiche: Um eine termingerechte Lieferung sicherzustellen, wird ein Lager in der Nähe des Kunden angemietet. Die Hauptlieferanten liefern dann nicht mehr direkt zum Kunden, sondern in dieses Lager einer Spedition. Die Spedition liefert just in time mehrmals täglich nach Kundenwunsch zusammengestellte Artikel zum Kunden. Die Vorteile liegen auf der Hand:

Für den Kunden:

- Das Lager des Kunden wird entlastet.
- Just-in-time-Anlieferung durch die Spedition.
- Die Lieferanten können verpflichtet werden, einen Mindestbestand im Speditionslager ständig bereit zu halten. Somit können kurzfristig auftretende Mengenerhöhungen oder Lieferprobleme aufgefangen werden. Die Zahl der Sonderfahrten wird reduziert.
- Zahlung erst nach Entnahme aus dem Speditionslager.
- Die Kosten des Lagers tragen die Lieferanten.

Für den Lieferanten:

- Produktion einer höheren Losgröße mit Zwischenlagerung im Speditionslager spart Rüstkosten.
- Reduzierung von Sonderfahrten.

Natürlich gibt es auch Nachteile. Dem Kunden sollte klar sein, dass die auf die Lieferanten verschobenen Kosten er letztlich doch zahlt. Jeder Kaufmann versucht diese Kosten in seine Kalkulation einzubeziehen, so auch der Lieferant. Sei es bei der nächsten Preiserhöhung, bei Neuprojekten, Ersatzteilen oder der Berechnung von Service-Dienstleistungen.
Auch für den Lieferanten hat es Nachteile: Zinsnachteile aufgrund des verzögerten Zahlungseingangs und der Vorauslage der Kosten. Aber vor allem ist der vermeintliche Vorteil einer höheren Losgröße mit Zwischenlagerung im Speditionslager mit Vorsicht zu betrachten. Denn der Kunde hat sicherlich im Rahmenvertrag eine begrenzte Abnahmeverpflichtung vereinbart. Legt der Lieferant mehr als die vereinbarte Menge in das Speditionslager, und die Absatzmengen des Kunden gehen zurück oder es kommt eine Teileänderung zum Tragen, dann ist der Kunde nur zur Abnahme der im Rahmenvertrag genannten Menge verpflichtet. Haben Sie noch Fragen?"
„Im Moment nicht", antwortete der junge Mann.

Lieferantenwechsel

„Wo stehen wir?", fragte Herr Konrad und begann die bisherigen Erkenntnisse zusammenzufassen: „Die Anfrageaktion wurde im Team durchgeführt, ein Angebotsvergleich vom zuständigen Einkäufer erstellt, gemeinsam mit Mitarbeitern aus Technik und Qualitätssicherung die besten Lieferanten bewertet und schließlich der beste oder die besten nach einer Nachverhandlung ausgewählt. Und was passiert jetzt?"

Ohne dem jungen Mann Gelegenheit zu geben, sich zu Wort zu melden, sagte Herr Konrad: „Jetzt wechseln wir nicht gleich den Lieferanten! Natürlich geben wir dem aktuellen Lieferanten die Möglichkeit, auf den neuen Preis einzusteigen. Das gehört zu einer fairen Zusammenarbeit.

Sicherlich wird der aktuelle Lieferant nicht begeistert sein, mit einem niedrigeren Preis konfrontiert zu werden, doch meine Erfahrung zeigt, dass fast alle bereit sind mitzumachen, um das Geschäft zu behalten. Damit Sie dem Lieferanten den Weg leichter machen können und er auch bei erheblichen Preisunterschieden von vielleicht 20 % nicht sein Gesicht verliert, könnten Sie ihm folgenden Vorschlag machen: Er soll mit seinen Mitarbeitern einen Wertanalyse-Workshop in seinem Unternehmen durchführen mit dem Ziel, die Kosten zu reduzieren, um somit die verlangte Preisreduzierung auffangen zu können. Dazu zählt auch das Nachverhandeln mit den Vorlieferanten. Dieser Weg ist nicht leicht, doch er bringt meistens Ergebnisse. Ergänzend können Sie ihm auch vorschlagen, gemeinsam einen solchen Workshop zur Kostenreduzierung durchzuführen. Wie solch ein Workshop funktioniert, dazu kommen wir noch."

Der Einkaufsleiter fuhr fort: „Nur dann, wenn der Lieferant sich absolut gegen eine Kosten- und Preisreduzierung sträubt oder den nachgewiesenen Marktpreis nicht erreichen kann, nur dann kommt der nächste Schritt zum Tragen: der Wechsel des Lieferanten.

Natürlich wäre es fatal, in solch einem Fall sofort komplett zum neuen Lieferanten zu wechseln. Ziel sollte es stattdessen sein, den neuen Lieferanten nach und nach aufzubauen, bis er eine einwandfreie Qualität und guten Lieferservice bieten kann. In der Praxis würde das so aussehen, dass der neue Lieferant zuerst Muster für ausgewählte Teile der Materialgruppe vorstellt. Erst wenn diese von Ihrer Qualitätssicherung freigegeben worden sind und ein Probeauftrag erfolgreich war, kann mit der Lieferung begonnen werden.

Um möglichen Schwierigkeiten am Anfang vorzubeugen, sollte der neue Lieferant nur als Zweitlieferant neben dem bestehenden Lieferanten einen Teil, beispielsweise 30 % der Menge, liefern. Gibt es Liefer- oder Qualitätsprobleme, erhöhen Sie als Ausgleich die Bestellmenge bei Ihrem bisherigen Lieferanten."

„Meinen Sie, dass der bestehende Lieferant da mitmacht?", wollte Herr Leopold wissen.

„Natürlich müssen Sie vorsichtig taktieren. Deswegen ist es wichtig, erst einmal mit einem geringen Lieferanteil zu beginnen. Dies merkt der bestehende Lieferant nicht sofort und gibt Ihnen Spielraum, den neuen Lieferanten zu testen."

„Was ist mit den Werkzeugkosten? Ein Wechsel zu einem anderen Lieferanten bedeutet zwangsläufig die Anschaffung eines zweiten Werkzeuges. Bei uns betragen die Kosten manchmal mehr als 25.000 €. Wer soll das bezahlen?", fragte Herr Leopold.

„Genau aus diesem Grund ist es wichtig, eine ABC-Analyse zu machen. Denn Sie haben vollkommen recht, ein Lieferantenwechsel rechnet sich nur bei Umsatzträgern und wenn die Werkzeugkosten innerhalb einer überschaubaren Zeit amortisiert werden können. Bei uns gilt die Regel: innerhalb von zwölf Monaten. Versuchen Sie jedoch auch, dass der neue Lieferant selbst die Werkzeugkosten trägt, ohne den Stückpreis zu erhöhen. Das geht, indem Sie eine Mindestabnahmemenge über einen bestimmten Zeitraum vereinbaren."

Mengenkontrakt versus Rahmenvertrag

„Wenn Sie sich für einen neuen Lieferanten entschieden haben", so Herr Konrad, „ist es an der Zeit, einen Vertrag zu schließen. Ich stelle immer wieder fest, dass in vielen Einkaufsabteilungen entweder gar kein Vertrag oder nur ein Mengenkontrakt vereinbart wird. Der eigentliche Rahmenvertrag mit all seinen Vorteilen wird seltsamerweise oft nicht genutzt. Warum? Ich denke, die Kenntnis der Details fehlt."

„Was sind denn die Unterschiede?", wollte Herr Leopold wissen.

Der Einkaufsleiter stand auf und erklärte: „Man kann grundsätzlich drei Arten von Liefervereinbarungen unterscheiden:

- Einzelbestellungen
- Mengenkontrakte
- Rahmenverträge

Einzelbestellungen finden immer dann statt, wenn der Einkäufer eine bestimmte Menge bestellt, ohne einen langfristigen Zeitraum zu berücksichtigen. Die Höhe des Preises ist dann gebunden an eine Preisstaffelung, zum Beispiel:

1–10 Stück:	35,00 €/Stück
11–20 Stück:	32,00 €/Stück
21–50 Stück:	28,00 €/Stück

Bestellt er beispielsweise heute 15 Stück, dann ist hierfür gemäß der Staffelung des Lieferanten ein Preis von 32,00 € je Stück fällig. Vielleicht reichen diese 15 Stück einen Monat, danach ist wieder eine Bestellung notwendig. Dieses Mal schätzt er den Bedarf auf 30 Stück und erhält die Ware zu einem Preis von nur 28,00 € je Stück. Nach zwei Monaten stellt er jedoch fest, dass er damals viel zu viel abgenommen hat, schließlich befinden sich immer noch 10 Stück auf Lager. Um auf Nummer sicher zu gehen, bestellt er deswegen beim nächsten Mal nur 8 Stück, allerdings zu einem Preis von 35,00 € je Stück. So vergeht das ganze Jahr, und am Ende hat er beispielsweise insgesamt 120 Stück abgenommen, und zwar:

50 Stück zu je 35,00 € =	1.750,00 €
40 Stück zu je 32,00 € =	1.280,00 €
30 Stück zu je 28,00 € =	840,00 €
120 Stück	3.870,00 €

Was glauben Sie, junger Mann, welchen Preis der Einkäufer vom Lieferanten bekommen hätte, wenn er zu Beginn des Jahres einen Vertrag über die Gesamtmenge von 120 Stück geschlossen hätte?"
„Bestimmt weniger als 28,00 € pro Stück."
„Genau, nehmen wir einen Stückpreis von 26,00 € je Stück bei Abnahme von 120 Stück im Jahr an, so kommen wir auf Gesamtkosten von 3.120,00 €. Das heißt, der Einkäufer hätte für sein Unternehmen 750,00 €, was 19,40 % entspricht, einsparen können. Warum hat er es nicht getan?"
„Weil er die Mengen für ein Jahr nicht im Voraus kennt", meinte der junge Mann.
„Woran liegt das?", fragte Herr Konrad etwas provozierend und gab auch gleich die Antwort: „Ich sage es Ihnen, junger Mann. Weil keine oder zu wenig

Kommunikation mit dem Vertrieb stattfindet! Der Vertrieb ist dafür zuständig, den Absatz zu planen und den Einkauf darüber zu informieren. Tut er das nicht, muss sich der Einkauf die Informationen dort selbst beschaffen.

Zusammenfassend kann man also behaupten, dass eine Voraussage der Planzahlen über ein Jahr oft möglich ist. Ausnahme bildet das Projektgeschäft. Doch selbst da erreichen moderne Unternehmen eine gewisse Planungssicherheit. Beim Seriengeschäft kann die Quote leicht bei 80 Prozent liegen.

Liegen trotzdem keine Planzahlen vor, dann liegt es meistens an der internen Kommunikation. Wenn es bei Ihnen auch diesbezüglich Probleme geben sollte, Herr Leopold, dann warten Sie nicht darauf, dass andere auf Sie zukommen, sondern tun Sie den ersten Schritt! Machen Sie sich Ihren Vertrieb zum Freund und tauschen Sie sich regelmäßig aus."

„Das tun wir bereits", meinte der junge Mann. „Auch können wir für ein Jahr die Zahlen voraussagen. Trotzdem will niemand im Einkauf die Verantwortung übernehmen, wenn die Mengen nicht erreicht werden. Aus diesem Grund erteilen wir meistens nur Mengenkontrakte über sechs Monate. Wir hatten nämlich schon den Fall, dass ein Mengenkontrakt über ein Jahr geschlossen wurde. Dadurch erzielten wir zwar einen sehr guten Preis, doch das bittere Ende kam, als unser Kunde die Menge erheblich reduzierte. Unser Lieferant bestand auf den Vertrag, und wir mussten den gesamten Jahresbedarf abnehmen."

„Ich erkläre Ihnen jetzt einmal den Unterschied zwischen Mengenkontrakt und Rahmenvertrag", warf Herr Konrad ein, während er an seinem Laptop das Schaubild wechselte. „Vom Prinzip her sind Mengenkontrakt und Rahmenvertrag ähnlich. Beide haben das Ziel, durch Volumenbündelung bessere Preise zu erhalten. Der Unterschied liegt in der begrenzten Abnahmeverpflichtung sowie in einer Ausstiegsklausel.

Der Sinn einer möglichst langen Laufzeit liegt auf der Hand, nämlich günstigere Preise durch Mengenrabatt zu erzielen. Diesem Ziel widerspricht die Ungenauigkeit der Planung. Wer weiß schon, wie sich der Markt in einem Jahr verhält? Um diesem Widerspruch gerecht zu werden und trotzdem den optimalen Preis zu erzielen, gibt es die begrenzte Abnahmeverpflichtung.

In einigen Branchen hat sich hierfür folgende Regelung durchgesetzt." Der Einkaufsleiter begann, folgenden Passus aus einem Liefervertrag vorzulesen:

„Der Auftraggeber ist berechtigt, die in den Lieferabrufen angegebenen Termine und Mengen seinen Bedarfsveränderungen anzupassen. Der Auf-

Mengenkontrakt versus Rahmenvertrag

Mengenkontrakt   Rahmenvertrag

Mengenkontrakt	Rahmenvertrag
Definition: Vereinbarung über die Abnahme einer festgelegten Menge in einem bestimmten Zeitraum (z.B. 3, 6, 12 Monate)	Definition: Vereinbarung über die Lieferung einer voraussichtlichen Menge in einem bestimmten Zeitraum (z.B. 1 Jahr oder mehrere Jahre)
Abnahmeverpflichtung: Der Kunde ist zur Abnahme der vereinbarten Menge verpflichtet	Abnahmeverpflichtung: Der Kunde ist zur Abnahme einer begrenzten Menge verpflichtet
Wettbewerbsklausel: keine	Wettbewerbsklausel: Der Kunde kann bei Nachweis einer günstigeren Lieferquelle den Preis nachverhandeln
Langzeitvereinbarung: keine	Langzeitvereinbarung: Eine mehrjährige Vereinbarung (Langzeitvertrag) bedingt als Gegenleistung eine jährliche Preisreduzierung

Abbildung 6: Mengenkontrakt versus Rahmenvertrag

traggeber ist nur zur Abnahme derjenigen Menge verpflichtet, die für den der aktuellen Lieferung folgenden Kalendermonat eingeteilt ist. Die in den Abrufen aufgezeigten Lieferanschlusstermine berechtigen den Auftragnehmer zur Rohmaterialdisposition mit einem Vorlauf von einem Monat."
„Was heißt das?", fragte der Einkaufsleiter und gab auch gleich die Antwort: „Es bedeutet, dass der Kunde nur für maximal zwei Monate verpflichtet ist, die Ware abzunehmen, nämlich die Lieferungen des aktuellen Monats sowie des kommenden Monats. Für einen weiteren Monat erteilt der Kunde nur

eine Rohmaterialfreigabe, das heißt, er ist nur zur Zahlung des Gegenwertes für das Rohmaterial verpflichtet. Produziert der Lieferant für einen darüber hinausgehenden Zeitraum vor, dann trägt er hierfür auch das volle Risiko.

Andere Unternehmen benutzen auch folgende Formulierung:

‚Eine Abnahmeverpflichtung des Bestellers besteht für getätigte Abrufe und den Sicherheitsbestand. Der Sicherheitsbestand beträgt x Stück und muss ständig durch den Lieferanten bevorratet sein.‘

Nehmen wir an, dass der Sicherheitsbestand für zwei Monate reicht, dann beträgt in diesem Fall die maximale Abnahmeverpflichtung, zusammen mit den aktuellen Abrufen, drei Monate."

„Ist das nicht ziemlich unfair gegenüber den Lieferanten?", wollte Herr Leopold wissen. „Auf der einen Seite möchten Sie Preise für einen geplanten Jahresbedarf, und auf der anderen Seite garantieren Sie dem Lieferanten nicht die Abnahme dieser Menge?"

Ohne zu antworten ging Herr Konrad zum Flipchart und zeichnete folgendes Bild auf:

Die Lieferkette

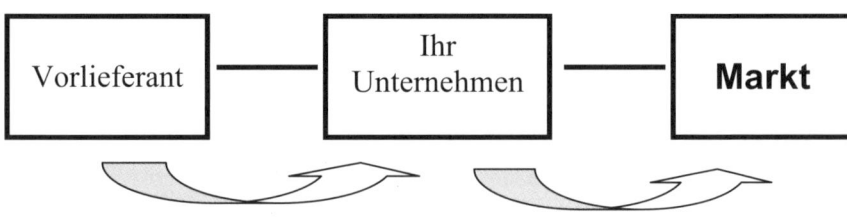

Abbildung 7: Die Lieferkette

Der Marktdruck

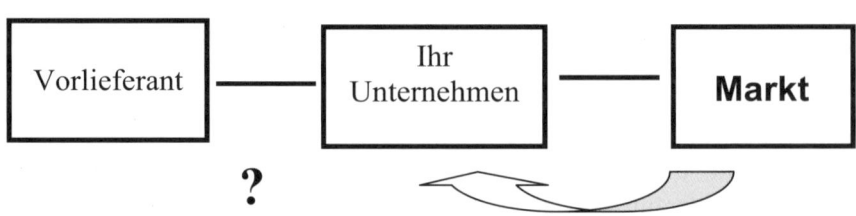

Abbildung 8: Der Marktdruck

„Kennen Sie die Verträge, die Ihre Kunden mit Ihrem Vertrieb vereinbaren?", fragte der Einkaufsleiter.

„Nein."

„Ich rate Ihnen, sich diese einmal anzuschauen. Auch Sie sind Zulieferer, auch Sie haben große Kunden, die wiederum an den Endverbraucher als Kunden liefern. Prüfen Sie Ihre Verträge. Sie werden bei den meisten feststellen, dass die begrenzte Abnahmeverpflichtung dort zu finden ist.

Meinen Sie, Ihre Kunden schlafen? Sie haben das Ohr genauso am Markt und wissen, wie schnell sich dieser entwickelt. Da außer Hellsehern niemand das Marktgeschehen genau voraussagen kann, ist es auch absolut legitim, eine begrenzte Abnahmeverpflichtung zu vereinbaren. Es kann doch nicht sein, dass Sie als Kunde das gesamte Risiko tragen und der Lieferant überhaupt keines? Sie sitzen doch alle in einem Boot: Ihr Kunde, Sie und Ihre Vorlieferanten. Um am Erfolg des Kunden partizipieren zu können, ist auch die Bereitschaft, sich das Risiko zu teilen, unerlässlich.

Wenn zwischen Ihrem Vertrieb und Ihrem Kunden eine begrenzte Abnahmeverpflichtung vereinbart wird, dann müssen Sie die gleiche Regelung mit Ihren Vorlieferanten treffen."

Nach einer kurzen Stille gab schließlich Herr Leopold zu, dass der Einkaufsleiter recht hatte. Die Lieferkette ist nur dann gerecht, wenn für alle die gleichen Bedingungen herrschen. „Doch was tun Sie, wenn sich am Jahresende zeigt, dass sich die gelieferte Menge von der in der Anfrage genannten erheblich unterscheidet, sagen wir 30 % unter den Vorgaben liegt?"

„Dann weisen wir darauf hin, dass unsere Zahlen auf den Vorgaben unseres Kunden beruhen. Auch wir mussten auf dieser Basis unser Angebot erstellen. Nachträglich ist kaum damit zu rechnen, dass unser Kunde die Differenz rückvergütet. Erhalten wir keine Gutschrift, dann können wir auch unserem Lieferanten keine gewähren. Das ist die Gerechtigkeit oder Ungerechtigkeit einer Lieferkette."

„Ich sehe bei uns ein Problem", fügte Herr Leopold hinzu. „Unsere Kunden sind groß und haben daher eine gewisse Machtstellung. Auf der anderen Seite sind wir für einige unserer Lieferanten nur ein kleiner Kunde und können nicht einfach alle unsere Wünsche durchsetzen."

„Das stimmt, die Herausforderung ist für Zulieferer größer, auch ihre mächtigen Lieferanten zu überzeugen. Es wird nicht immer möglich sein. Manchmal müssen Sie vertraglich eine Sonderregelung bei mächtigen Lieferanten eingehen. Sie könnten dann zum Beispiel vereinbaren, dass jeweils am Ende des Jahres geprüft wird, wie sich die Menge entwickelt hat. Lag Sie mehr als 20 % unter den Erwartungen, können Sie als Kunde verpflichtet werden, einen Teil der Differenz dem Lieferanten nachträglich zu vergüten.

Jedoch zeigt die Erfahrung, dass bei guter Verhandlung viele Lieferanten mitmachen, ohne eine solche Rückvergütungsvereinbarung zu treffen. Entscheidend ist, wie gut Sie den Verkäufer überzeugen können. Machen Sie sich bewusst, dass Sie nicht das Unternehmen, sondern ‚nur' den Verkäufer dieses Unternehmens überzeugen müssen. Holen Sie den vermeintlich übermächtigen Lieferanten auf den Boden der Tatsachen zurück, indem Sie sich bewusst machen, dass Sie nur den Menschen, der Ihnen gegenübersitzt, von Ihrer Sache begeistern müssen!

Haben Sie damit ein Problem? Es gibt eine gute Übung, um das für sich selbst herauszufinden." Herr Konrad ging wieder zum Flipchart, wechselte das Blatt und zog eine senkrechte Linie in der Mitte des Papiers.

„Zeichnen Sie jetzt einmal in Ihrer Vorstellung rechts von der Linie Ihren Vater ein."

„Meinen Vater?"

„Ja, es ist Bestandteil der Übung. Sie brauchen es ja nur in Ihrer Phantasie zu tun. Es funktioniert auch, falls Ihr Vater bereits verstorben sein sollte. Sie haben ja eine Erinnerung an ihn. Also ‚sehen' Sie jetzt einmal Ihren Vater in voller Größe auf der rechten Seite von dieser Linie."

„Und nun", fuhr Herr Konrad fort, „zeichnen Sie auf der linken Seite von der Linie sich selbst ein. Wie sehen Sie sich selbst im Vergleich zu Ihrem Vater? Es geht hierbei nicht um die körperliche Größe, sondern um Ihr Selbstwertgefühl. Man könnte auch sagen: Wie groß fühlen Sie sich im Vergleich zu Ihrem Vater? Größer, kleiner, oder befinden Sie sich mit ihm auf einer Ebene?

Merken Sie sich die Positionen und wischen Sie jetzt die beiden in Ihrer Phantasie wieder vom Papier.

Stellen Sie sich nun vor, Sie sehen auf der rechten Seite Ihre Mutter in voller Größe. Zeichnen Sie sich nun wieder links daneben. Wie groß fühlen Sie sich im Vergleich zu Ihrer Mutter? Größer, kleiner oder gleich groß?

Merken Sie sich wieder die Positionen und wischen Sie jetzt die beiden in Ihrer Phantasie wieder vom Papier.

Test: Selbstwertgefühl

Übung A:

Abbildung 9: Test: Selbstwertgefühl

Stellen Sie sich nun vor, Sie „sehen" auf der rechten Seite Ihren Chef in voller Größe. Zeichnen Sie sich nun wieder links daneben. Wie groß fühlen Sie sich im Vergleich zu Ihrem Chef?

Merken Sie sich wieder die Positionen und wischen Sie jetzt die beiden in Ihrer Phantasie wieder vom Papier.

Stellen Sie sich nun zum Abschluss vor, Sie sehen auf der rechten Seite Ihren schwierigsten Lieferanten in voller Größe. Zeichnen Sie sich nun wieder links daneben. Wie groß fühlen Sie sich im Vergleich zu diesem Menschen? Größer, kleiner oder gleich groß?"

Der Einkaufsleiter beobachtete konzentriert die Mimik des jungen Mannes und stellte dann fest: „Wenn Sie bei dieser Übung des Öfteren den anderen größer gesehen haben als sich selbst, dann könnte das bedeuten, dass Ihr Selbstwertgefühl nicht optimal ist. Gleiches gilt, wenn Sie den anderen immer kleiner sehen als sich selbst. Wann, glauben Sie, kommunizieren wir am besten?"

„Wohl dann, wenn ich mit dem anderen auf einer Ebene bin", antwortete Herr Leopold.

„Natürlich! Wenn Sie festgestellt haben sollten, dass Sie des Öfteren nicht auf einer Ebene mit dem anderen waren, dann könnten Sie sich zwei Fragen stellen, um wieder einen Ausgleich zu schaffen:

Wo hat der Lieferant/Verkäufer seine Stärken?
Was sind meine/unsere Stärken?

Wenn Sie diese Fragen ehrlich vor sich selbst beantworten, werden Sie feststellen, dass jeder von Ihnen Stärken und Schwächen hat. Wollen Sie etwas verändern, verlangt das, dass Sie Ihre Schwächen akzeptieren und sich auf Ihre Stärken konzentrieren."

„Ich bin wirklich beeindruckt", sagte Herr Leopold.

„Probieren Sie es aus, Sie werden feststellen, dass Sie beim nächsten Mal noch selbstbewusster dem Lieferanten gegenüber auftreten werden."

Für einen Moment herrschte große Ruhe im Büro des Einkaufsleiters. Erst jetzt fiel dem jungen Mann auf, dass nicht einmal das Telefon geklingelt hatte, seitdem er hier war. Wie war das möglich? Um seine Neugierde zu befriedigen, sprach er darauf den Einkaufsleiter an: „Ich bin jetzt schon zwei Stunden bei Ihnen, und Ihr Telefon hat nicht einmal geklingelt. Wie machen Sie das?"

„Ganz einfach, Herr Leopold. Ich habe hervorragende Leute, die selbstständig arbeiten. Ich habe meiner Sekretärin gesagt, dass ich während unserer Unterhaltung nicht gestört werden möchte. Ausnahme bildet nur ein wichtiger Anruf der Geschäftsführung oder ein drohender Bandstillstand in der Fertigung."

„Ich bin Ihnen sehr dankbar, dass Sie sich so viel Zeit für mich nehmen", sagte der junge Mann.

„Lassen Sie uns weitermachen. Es gibt noch viel zu erläutern", sagte Herr Konrad, ohne auf die Worte des jungen Mannes einzugehen.

„Über eine weitere Regelung, die im Mengenkontrakt normalerweise nicht zu finden ist, haben wir noch nicht gesprochen. Es geht um die sogenannte Ausstiegsklausel. Auch hier könnten Sie sagen, es sei ungerecht, doch lassen Sie mich den Sachverhalt erklären.

Die Ausstiegsklausel wird oft ‚Wettbewerbsklausel' genannt. Ich bevorzuge die Formulierung ‚Kostenoptimierung', da es meiner Meinung nach nicht nur um den Wettbewerbsvergleich, sondern auch um Möglichkeiten der Kostenreduzierung geht. Eine typische Formulierung hierfür ist zum Beispiel:

‚Von beiden Seiten wird angestrebt, an kosten- und preissenkenden Maßnahmen zu arbeiten. Die Preise dieser Rahmenvereinbarung können in gegenseitiger Abstimmung zur Verbesserung der Wettbewerbsfähigkeit entsprechend nachgewiesener Wettbewerbsangebote oder durchgeführter Wertanalyse-Aktivitäten jederzeit reduziert werden. Wir werden von der Bezugspflicht befreit, falls der Lieferant nicht bereit oder nicht in der Lage sein sollte, die Preise auf das neue Niveau zu reduzieren.'

Diese Klausel ist besonders bei langfristigen Verträgen über mehrere Jahre wichtig. Stellen Sie sich vor, Sie vereinbaren einen Drei-Jahres-Vertrag ohne diese Klausel, und nach einem Jahr kommt eine neue Technologie auf den Markt, die die Produktionskosten halbiert. Wenn Sie nicht den Preis anpassen beziehungsweise aus dem Vertrag aussteigen können, haben Sie über mehrere Jahre einen erheblichen Wettbewerbsnachteil gegenüber Ihrer Konkurrenz. Das kann erhebliche Nachteile für Ihr Unternehmen zur Folge haben.

Wichtig ist auch, dass die Ergebnisse durchgeführter Wertanalysen sich während der Vertragslaufzeit auf den Preis auswirken. Wir hatten solch einen Fall: Bei einem unserer Hauptlieferanten wurde eine gemeinsame Wertanalyse zur Kostensenkung durchgeführt. Die Verbesserungen ergaben ein Einsparungspotenzial von 8 %. Wissen Sie, was uns der Verkäufer zum

Abschluss der Untersuchung sagte? ,Einer Reduzierung der Preise können wir nur bei den Typen A und B zustimmen. Für die Typen C, D, E und F haben wir Langfristverträge mit Ihrem Vorgänger vereinbart, die erst in zwei Jahren auslaufen.' Eine Prüfung ergab, dass der Verkäufer recht hatte. Mein Vorgänger hatte Langzeitverträge ohne Ausstiegsklausel vereinbart!"
Bedächtig hörte Herr Leopold zu. Nach einer Weile fragte er: „Wie sind Sie mit dem Lieferanten verblieben?"
„Nach langer Diskussion mussten wir seine Sichtweise akzeptieren. Obwohl nachweislich die Einsparungen aufgrund des Workshops vorlagen, konnten wir sie für die besagten Typen nicht umsetzen. Natürlich waren wir verärgert über das beharrliche Bestehen des Verkäufers auf den Vertrag. Es ist klar, dass solch ein Lieferant auf Dauer nicht der richtige Partner für uns ist. Wir haben viel gelernt. Seitdem beinhalten alle unsere Rahmenverträge, auch bereits ab einem Jahr Laufzeit, diese Kostenoptimierungsklausel."
„Wie ist es, wenn die Preise für das Vormaterial massiv steigen?", wollte der junge Mann wissen. „Hat dann der Lieferant keinen Anspruch auf eine Preiserhöhung? Das könnte ja für ihn den Ruin bedeuten."
„Bis zu einem Jahr Laufzeit hat er keine Möglichkeit, die Preise anzupassen. Handelt es sich jedoch um einen Langzeitvertrag über mehrere Jahre, gibt es eine sogenannte Preisanpassungsklausel. Kann der Lieferant uns nachweisen, dass sein Vormaterial um mehr als 10 % gestiegen ist und können wir keinen günstigeren Alternativlieferanten ausfindig machen, dann verzichten wir in diesem Jahr auf die vereinbarte Preisreduzierung."
„Das verstehe ich nicht", hakte der junge Mann ein.
„Ganz einfach. Bei einem Mehrjahresvertrag ist es das Ziel, als Gegenleistung für die lange Auftragsvergabe eine jährliche Preisreduzierung vom Lieferanten zu erhalten. Diese bewegt sich zwischen 1 % und 3 % pro Jahr. Schließlich kann der Lieferant durch die Lernkurve seine Fertigungsprozesse optimieren, was zu Kostenvorteilen führt, an denen wir beteiligt werden möchten. Kommt es nun in einem Jahr zu erheblichen Preiserhöhungen bei dem eingesetzten Vormaterial, können wir dem Lieferanten durch Verzicht auf die vereinbarte Preisreduzierung entgegenkommen. Reicht das nicht aus, kann grundsätzlich neu verhandelt werden."
„Ist das nicht trotzdem ein recht einseitiger Vertrag?", warf Herr Leopold ein.
„Schließlich können Sie als Kunde bei Nachweis eines günstigeren Lieferanten aussteigen. Vielleicht hat der Lieferant viel Geld in die Modernisierung

gesteckt, um den Auftrag zu bekommen. Wenn Sie ihm dann das Produkt abziehen, kann das für ihn große Nachteile bedeuten."

„Erstens, junger Mann, findet vor einem Wechsel immer ein Gespräch mit dem bestehenden Lieferanten statt. Außerdem wird versucht, in gemeinsamen Workshops die Kosten zu senken, damit er weiter liefern kann.

Und zweitens führen wir vor der Vereinbarung eines Langzeitvertrages immer eine intensive Marktuntersuchung durch, um sicherzugehen, dass wir mit dem richtigen Partner zusammenarbeiten. In den Jahren, seitdem wir Langzeitverträge abschließen, gab es nur einen Fall, bei dem die Zusammenarbeit während der Laufzeit beendet werden musste. Wenn es unser Ziel wäre, immer wieder den Lieferanten zu wechseln, könnten wir uns solche Verträge ersparen.

Um es noch mal zu wiederholen: Ziel eines Langzeitvertrages ist die langfristige erfolgreiche Zusammenarbeit. Der Lieferant hat eine Umsatz- und Planungssicherheit über mehrere Jahre. Wir erhalten dafür jährlich eine angemessene Preisreduzierung, die den Lieferanten dazu veranlasst, sich permanent Gedanken zu machen, wie er seinen Fertigungsprozess weiter optimiert. Im idealen Fall bedeutet dies eine Zusammenarbeit, bei der jeder Partner seinen Nutzen hat. Haben Sie noch Fragen?"

„Im Moment nicht, danke."

„Ich habe eine Frage an Sie, Herr Leopold. Nehmen wir einmal an, Sie möchten demnächst einen Langzeitvertrag vereinbaren. Informieren Sie die Lieferanten darüber bereits in der Anfrage?"

Ohne dem jungen Mann Gelegenheit zu geben zu antworten, fuhr Herr Konrad fort: „Ich hoffe nicht. Denn wenn Sie das tun, wird jeder Lieferant in seinem Angebot die jährlichen Preisreduzierungen einkalkulieren, und Ihre Einsparung ist dahin. Deswegen sprechen Sie das Thema erst an, wenn die ausgewählten Lieferanten ihr bestes Angebot bereits abgegeben haben und sich jetzt mit Ihnen zur Nachverhandlung treffen. Grundsätzlich ist es auch empfehlenswert, immer wieder neue Lieferanten anzufragen, um der Gefahr des Einkalkulierens vorzubeugen."

Nach einem Moment der Stille fuhr Herr Konrad fort: „Es gibt weitere wichtige Punkte im Rahmenvertrag (Anmerkung des Verfassers: Auf Wunsch erhalten Sie ein Muster eines Rahmenvertrages), ich möchte nur noch etwas zur Qualitätssicherungsvereinbarung sagen, und zwar im Speziellen zum Thema Penalty Clause. Wissen Sie, um was es dabei geht?"

Der junge Mann überlegte kurz und sagte: „Meinen Sie die Strafklausel?"
„Genau, es geht um eine Konventionalstrafe, wenn die vereinbarte Qualität oder die Liefertermine nicht eingehalten werden. Was im Baugewerbe üblich ist, ist für manch einen industriellen Einkäufer noch neu: Sie können vereinbaren, dass Sie bei der Rechnung einen vereinbarten Prozentsatz abziehen, wenn eine bestimmte Leistung nicht erreicht wird. Beispielsweise könnte die folgende Staffelung für Qualitätsprobleme im Rahmenvertrag festgelegt werden:

0 – 500 ppm	= 0,00 % Abzug
501 – 1000 ppm	= 0,50 % Abzug
1001 – 1500 ppm	= 1,00 % Abzug
1501 – 2000 ppm	= 1,50 % Abzug
2001 – 2500 ppm	= 2,00 % Abzug
› 2500 ppm	= 3,00 % Abzug

Gleiches könnten Sie hinsichtlich der Lieferpünktlichkeit vereinbaren: Je nachdem, wie viel Tage zu früh oder zu spät die Ware in Ihrem Unternehmen ankommt, sind Sie berechtigt, den festgelegten Prozentsatz von der Rechnung abzuziehen.
Diese erzieherischen Maßnahmen sollen bewirken, dass sich der Lieferant mehr bemüht, vorgeschriebene Qualität und Liefertermine einzuhalten. Natürlich wird kein Lieferant von dieser Idee begeistert sein. Es ist Ihre Entscheidung, junger Mann, ob und wie Sie an dieses Thema herangehen."

Zahlungskonditionen

Herr Konrad schenkte dem jungen Mann und sich selbst einen Kaffee ein und fragte dabei: „Sagen Sie, junger Mann, wie steht es in Ihrem Einkauf mit den Zahlungsbedingungen?"
„Üblich sind 14 Tage mit 2 % Skonto oder 30 Tage netto. Außerdem vereinbaren wir einen Bonus bei Erreichen eines bestimmten Umsatzes."
„Was verstehen Sie unter einem Bonus?", wollte der Einkaufsleiter wissen.

„Wurde mit dem Lieferanten beispielsweise ein Bonus von 1,5 % bei einem Jahresumsatz von 200.000 € vereinbart, dann erhalten wir bei Erreichen dieses Umsatzes rückwirkend für das alte Jahr auf den Gesamtumsatz eine Rückvergütung in Höhe von 1,5 %. Entweder als Scheck oder als Gutschrift auf die nächste Rechnung."

„Warum ich frage, hat folgenden Hintergrund", so der Einkaufsleiter. „Als wir vorhin von den Planzahlen für die nächsten zwölf Monate sprachen, wurde in erster Linie von einem Seriengeschäft, wie es bei Ihnen und uns vorherrscht, ausgegangen. Wie bereits erwähnt, gibt es aber auch Firmen, die kein klassisches Seriengeschäft haben, wie Sondermaschinen- und Anlagenbau. Für diese Branchen kann es aufgrund der geringeren Stückzahlen schwerer sein, die genauen Planmengen für die Zukunft vorauszusagen. Dann macht es eventuell keinen Sinn, einen Rahmenvertrag zu vereinbaren, weil die Mengen erheblich schwanken. In diesem Fall ist es besser, mit Bonus zu arbeiten. Sie bestellen gemäß Preisstaffelung und bekommen rückwirkend, bei Erreichen eines bestimmten Umsatzes, den jeweiligen Bonus vergütet. Mit dieser Vorgehensweise verärgern Sie nicht Ihre Lieferanten, wenn die abgenommenen Mengen unter den Planmengen liegen.

Kommen wir wieder zu den Zahlungsbedingungen zurück. Sie nannten 2 % Skonto bei Zahlung innerhalb von 14 Tagen beziehungsweise 30 Tage netto. Das ist wirklich fair von Ihnen, doch prüfen Sie auch einmal die Konditionen, die Ihre Kunden mit Ihrem Unternehmen vereinbart haben. Die Praxis zeigt, dass im Industriesektor das Bild eher so aussieht:

„Zahlung am 25. des der Lieferung folgenden Monats abzüglich 3 % Skonto oder 60 Tage netto."

Sie empfinden das als zu schlimm? Dann erzähle ich Ihnen einmal, welche Konditionen im Handel üblich sind:

- 4 % Skonto bei Zahlung innerhalb von 45 Tagen
- Bonus 8 %, der sofort (!) bei der Rechnung abgezogen wird
- Listungsgebühren bei Aufnahme neuer Artikel
- Werbekostenzuschüsse für Katalogerstellung, Bäume"

„Bäume?", fragte Herr Leopold erstaunt.

„Ja, Sie haben richtig gehört. Ein Unternehmen, für das ich früher tätig war, bezog ein neues Verwaltungsgebäude. Da die Außenanlage noch nicht bepflanzt war, kam die Geschäftsführung auf die Idee, die Lieferanten hierfür aufkommen zu lassen. Wir erhielten sogar eine zweitägige Schulung mit dem Inhalt ‚Wie überzeuge ich unsere Lieferanten, uns Geld für Bäume zu zahlen?'

Daraufhin wurden alle größeren Lieferanten zu einem Gespräch geladen, in dem wir nicht als Einkäufer, sondern eher als Verkäufer auftraten. Ja, wir verkauften Bäume! Ein Baum kostete 350 €, natürlich inklusive Bewässerung und Pflege durch einen Gärtner. Die kleineren der geladenen Firmen kauften mindestens einen Baum, die größeren mindestens fünf und die Hauptlieferanten eine ganze Allee. Toll, nicht wahr? Am Ende hatten wir durch diese Maßnahme mehr als 150.000 € eingenommen."

Der junge Mann war sprachlos. Was hatte das mit Partnerschaft und einem seriösen Einkauf zu tun?

Herr Konrad lachte laut und holte den jungen Mann aus seiner Ohnmacht mit den Worten zurück: „Was glauben Sie, warum ich heute nicht mehr in diesem Unternehmen arbeite? Ich wollte Ihnen nur einmal aufzeigen, welche Unterschiede es gibt. Haben Sie also keine Bedenken, wenn Sie Ihre ‚normalen' Zahlungsbedingungen, also Skontohöhe und Zahlungsziel, etwas anziehen. Es wird im Vergleich zum Handel immer noch vertretbar sein."

Der Abrufplan

„Wurde der Vertrag geschlossen", so der Einkaufsleiter, „und sind die Muster freigegeben, kann mit der Bestellung der Artikel begonnen werden. Allerdings sollten Sie beziehungsweise Ihr Kollege aus der Disposition anstatt Einzelbestellungen einen Abrufplan nutzen.

Ziel eines Abrufplans ist es zum einen, dem Lieferanten eine Vorausschau über die nächsten Monate zu geben, und zum anderen, dem operativen Einkäufer das Versenden von Einzelbestellungen zu ersparen. Hier sehen Sie ein Muster." Herr Konrad schob dem jungen Mann folgendes Papier über den Tisch zu:

Muster eines Abrufplans

A B R U F P L A N

Dieser Abrufplan ersetzt den Abrufplan mit gleicher Nummer und früherem Datum. Sie erhalten keine separate Bestellung. Sie haben einen Monat Fertigteilfreigabe und einen Monat Vormaterialfreigabe.

Rahmenvertrag: XYZ vom 01.01.07

Sachnummer	*Artikel*	*Stückpreis*	*Lieferanteil*
12.8512.2305.1	Blech OB	2,42 €	75 %

Position	Liefertermin	Soll-Menge	Kum. Menge
009	21.07.07	600 St.	4440 St.
010	02.08.07	300 St.	4740 St.
011	16.08.07	300 St.	5040 St.
012	23.08.07	300 St.	5340 St.
013	15.09.07	200 St.	5540 St.
014	18.09.07	300 St.	5840 St.
015	10.10.07	600 St.	6440 St.
016	24.10.07	300 St.	6740 St.

Die genannten Termine sind Wareneingangstermine in unserem Werk Aschaffenburg.

Abbildung 10: Muster eines Abrufplans

„Für den Lieferanten", so der Einkaufsleiter, „ist dieser Abrufplan eine Sammelbestellung. Er erhält keine weiteren Einzelbestellungen mehr.

Ändern sich die Liefermengen, was in der Regel immer wieder einmal vorkommt, schickt der Disponent einen aktualisierten Abrufplan. Für den Lieferanten gilt dann immer die neueste Version.

Übrigens sind die Lieferanten sehr positiv gegenüber einer solchen Regelung eingestellt. Ihren großen Vorteil sehen sie in der langfristigen Planung. Durch die Vorschau der Liefertermine und -mengen über einen Zeitraum von drei Monaten können sie ihre Fertigung und den Vormaterialeinkauf besser koordinieren."

„Wenn die Planzahlen stimmen", warf der junge Mann spöttisch ein.

„Das ist richtig."

Die Arten der Preisanalyse

„Ergänzend können Sie im Rahmenvertrag die Bedingung aufnehmen, dass der Lieferant zu jedem Angebot die sogenannte Quotation Analysis Form (QAF) beifügen soll. Wissen Sie, was das ist?"

Nach kurzem Überlegen meinte Herr Leopold: „Ich denke, es hat etwas mit der Kalkulation zu tun."

„Richtig! Bislang wird in vielen Einkaufsabteilungen nur der Preis pro Stück angefragt. Damit Sie Kostenunterschiede prüfen können, ist es jedoch wichtig, mehr Informationen zu erhalten. Ein Zwischenschritt, den immer mehr Unternehmen gehen, ist die Aufschlüsselung des Preises in Material-kosten, Produktionskosten und sonstige Kosten. Das sieht zum Beispiel so aus:

Preis je Stück:	3,80 €
Anteilige Materialkosten:	50 %
Anteilige Herstellkosten:	30 %
Anteilige sonstige Kosten:	20 %
Summe:	100 %

Das ist zwar recht grob, verschafft aber immerhin einen Überblick, wie sich der Preis zusammensetzt. Gibt es Preissteigerungen beim Vormaterial, kann der neue Endpreises kalkuliert werden. Somit können Sie die gewünschte Preiserhöhung des Lieferanten relativ leicht überprüfen. Ob er diese bekommt, ist ein anderes Thema.

Richtig interessant wird die Einkaufspreisanalyse, wenn Sie die komplette Kalkulation des Lieferanten erhalten. Sicher, viele wehren sich dagegen, Ihre Zahlen offenzulegen. Es kann aber für beide Seiten Vorteile haben. Ich möchte Ihnen das anhand eines Beispiels aufzeigen."

Während Herr Konrad an seinem Laptop das Schaubild wechselte, sagte er: „Bei dem folgenden Beispiel einer Preisanalyse wurden die Zahlen verändert und Namen weggelassen."

Quotation Analysis Form

Anlage zur Anfrage vom: _____
Lieferant: _____

Teilebezeichnung:	Halter Oz	Zeichnungsnummer:	123456789
Liefermenge p.a.	120.000 Stück	Lieferfrequenz:	wöchentlich
Verpackung:	KLT 4328	Verpackungseinheit:	120 Stück

Materialkosten		Währung: EUR	MGK: 30 %
Rohmaterial:	Preis/kg:	Einsatzgewicht:	Preis per %:
Niro 1.4301 ∅ 9,8	4,15 EUR	23,79 kg per %	98,73
Zukaufteile:	Lieferant:	Werkzeugkosten:	Preis per %:
Ring		2,30 per %	8,00
Materialkosten:			106,73
Fertigungskosten		Währung: EUR	FGK: 5 %
Arbeitsfolge:	Maschinensatz	Lohnsatz: 60,00/h	Preis per %:
Schneiden	22,00		3,95
Stauchen	34,00		8,45
Trennen	18,00		7,60
Biegen	36,00		21,15
Schweißen	27,00		57,30
Werkzeugkosten:			78,00
Rüstkosten:			28,50
Fertigungskosten:			204,95
Herstellkosten:	Material +	Fertigung	311,68
Gemeinkosten			
Verpackung:			3,09
Transport:			6,00
Lagerhaltung:			10,12
Overhead (VwVtGk):			43,80
Profit:			4,85
Angebotspreis:			**379,54**

Abbildung 11: Quotation Analysis Form

„Es gibt zwar ein einheitliches System für die Zuschlagskalkulation", erklärte der Einkaufsleiter, „jedoch benutzt jeder Lieferant sein eigenes System. Bei diesem Beispiel eines unserer Lieferanten erkennen Sie, dass er die Materialgemeinkosten und Fertigungsgemeinkosten bereits eingerechnet hat. Ebenso fehlt der Punkt ‚Skonto'. Sicher wird der Lieferant nicht wegen unseres Skontoabzugs von 3 % auf seinen Gewinn verzichten. Wir gehen davon aus, dass dieser Punkt unter ‚Overhead' von ihm eingerechnet wurde.

Wichtig für unsere Preisanalyse waren die Materialkosten. Denn wir überprüften den Preis je Kilogramm von 4,15 € für das geforderte Material. Und siehe da, die Marktuntersuchung ergab, dass es zwei andere Lieferanten gab, die bei gleicher Qualität 8 % unter dem Preis des aktuellen Lieferanten lagen. Unser Lieferant bestätigte das, und wir konnten daraufhin den Angebotspreis reduzieren."

„Dadurch hatten nicht nur Sie, sondern auch der Lieferant einen Vorteil. Denn er kann jetzt für seinen anderen Kunden ebenfalls das Vormaterial günstiger einkaufen", ergänzte Herr Leopold.

„Genau! Das ist der gemeinsame Nutzen bei der Preisanalyse. Die sogenannte Zwei-Gewinner-Situation: Wir erhalten für unsere Produkte den Nachlass und der Lieferant hat seinen Nutzen bei den restlichen Produkten.

Natürlich gibt es auch so manche schwarze Schafe, die versuchen, uns durch überzogene Angaben in der Kalkulation zu täuschen, um dadurch einen höheren Preis zu erzielen. Jedoch kann der erfahrene Einkäufer relativ schnell selbst die Kalkulation nachvollziehen durch Vergleich mit den Wettbewerbsangeboten und deren Kalkulationen."

Der partielle Preisvergleich

„Diese Methode ist besonders wichtig", fuhr der Einkaufsleiter fort. „Wird klassisch nur der Angebotspreis der verschiedenen Anbieter verglichen, geht es bei dem partiellen Preisvergleich um die Aufschlüsselung in die Kostenbestandteile. Schauen wir uns folgendes Beispiel an (vgl. Abbildung 12).

Dieses ‚Rosinenpicken' hat mehrere Vorteile:

Sie fragen ein Stanzteil bei verschiedenen Herstellern an. Die Qualität ist vergleichbar.

Die Anbieter erklären sich bereit, den Angebotspreis aufzuschlüsseln:

	1. Material	2. Stanzen	3. Biegen	4. Sonstiges	Gesamtpreis
Lieferant A	6,00	2,20	2,80	4,00	15,00
Lieferant B	6,20	*1,30*	3,00	*3,80*	14,30
Lieferant C	*5,90*	1,90	*1,70*	4,30	13,80

Sie ermitteln nun den Bestpreis, indem Sie die günstigsten Einzelkosten kombinieren:

	1. Material	2. Stanzen	3. Biegen	4. Sonstiges	Zielpreis
Bestpreis:	5,90	1,30	1,70	3,80	**12,70**

Mit diesem Zielpreis können Sie nun mit den besten Lieferanten in die Verhandlung treten.

Abbildung 12: Beispiel „Stanzteil"

- Sie können die Bedeutung der Kostenbestandteile erkennen.
- Dem Lieferanten können Sie dessen Schwachstellen aufzeigen.
- Die Diskussion über die verschiedenen Fertigungsverfahren hilft Ihnen, Ideen zu Kostenreduzierung zu erarbeiten.
- Der verhandelte Preis wird in der Regel unter dem günstigsten Angebotspreis liegen.

Diese Aufschlüsselung ist auch Voraussetzung, um bei steigenden beziehungsweise fallenden Rohstoff- oder Energiekosten sowie bei Lohnerhöhungen die effektive Preiserhöhung bzw. Preisreduzierung nachkalkulieren zu können. Spätestens dann, wenn der Verkäufer eine Preiserhöhung ankündigt, sollten Sie auf die Bekanntgabe der Kostenbestandteile bestehen. Schließlich soll er die anteilige Erhöhung auch nachweisen können. Empfehlenswert ist es zu prüfen, ob der Wettbewerb eine ähnliche Zusammensetzung der Kosten hat, denn nur dann wissen Sie, ob die von Ihrem Lieferanten genannten Daten auch der Wirklichkeit entsprechen. Vertrauen ist gut – Vorbeugen ist besser!
Außerdem sollten Sie von Ihrem Lieferanten auch den Nachweis der gestiegenen Kosten fordern. Dazu soll er Ihnen die effektiven Erhöhungen seiner Vorlieferanten offenlegen. Begnügen Sie sich auf keinen Fall mit einer Kopie des Erhöhungsschreibens des Vorlieferanten – dies sagt nichts über die effektiv vereinbarte Erhöhung aus. Bestehen Sie vielmehr auf eine Kopie der Rahmenverträge oder der neuen Preisliste, Rabatte und Konditionen. Natür-

lich wird sich Ihr Lieferant wehren, doch geben Sie ihm zu verstehen, dass ohne korrekten Nachweis eine Verhandlung über eine mögliche Erhöhung von Ihrer Seite aus ausgeschlossen ist. Zeigen Sie Stärke!

Parallel zu den Aussagen Ihres Lieferanten sollten Sie den Markt ständig selbst bezüglich der Preis- und Kostenentwicklung beobachten. Nur dann sind Sie wirklich Beschaffungsmanager. Quellen für Marktpreisentwicklungen gibt es genug. (Anmerkung: Auf Wunsch erhalten Sie vom Autor eine Liste mit Quellenverzeichnissen.)

Sehr empfehlenswert ist zum Beispiel das Statistische Bundesamt. Für eine geringe Gebühr pro Jahr können Sie dort in der Online-Datenbank Genesis die Preisentwicklungen der zugekauften Produkte recherchieren."

„Erhalten Sie immer die Kalkulationsdaten Ihrer Lieferanten?", fragte der junge Mann.

„Nein, nicht immer. Manche Lieferanten weigern sich, uns in die Karten schauen zu lassen. Das sind meist langjährige Partner, auf die wir noch nicht verzichten können. Sie wissen um ihre Position und nutzen diese aus. Bei neuen Lieferanten ist es dagegen einfach, denn sie wollen mit uns ins Geschäft kommen."

„Das hört sich alles sehr interessant an", sagte Herr Leopold beeindruckt, „doch frage ich mich, wie Ihre Mitarbeiter das zeitlich schaffen können. Sie haben doch auch ein Tagesgeschäft, das erledigt werden soll?"

„Die Preisanalyse gehört bei uns zum Tagesgeschäft. Entscheidend ist, dass sie andere, unwesentliche Dinge aus dem Tagesgeschäft herausbekommen oder zumindest den Arbeitsaufwand vereinfachen. Ich werde Ihnen einige Möglichkeiten vorstellen."

Reduzierung der Lieferantenbasis

„Sie erwähnten bei der ABC-Analyse", fuhr Herr Konrad fort, „dass Ihr Unternehmen bei einem Jahreseinkaufsvolumen von 25 Mio. € mit ungefähr 300 Lieferanten zusammenarbeitet. Diese setzen sich wie folgt zusammen:

A: 30 Lieferanten mit jeweils mehr als 0,5 Mio. € Umsatz/Jahr
B: 60 Lieferanten zwischen 0,1 Mio. € und 0,5 Mio. € Umsatz/Jahr
C: 210 Lieferanten kleiner 0,1 Mio. € Umsatz/Jahr

Dies bedeutet, dass die A- und B-Lieferanten, die nur 30 % aller Lieferanten ausmachen, 80 % des Einkaufsumsatzes tätigen, während die C-Lieferanten, die 70 % aller Lieferanten ausmachen, nur 20 % des Einkaufsumsatzes tätigen.

Bei uns war das bis vor wenigen Jahren ähnlich verteilt. Es verlangte einen sehr großen Aufwand, so viele Lieferanten zu verwalten. Wir haben es geschafft, die Anzahl der Lieferanten um 40 Prozent zu reduzieren."

„Wie war das möglich?", fragte Herr Leopold etwas ungläubig.

„Wir haben konsequent verschiedene Methoden umgesetzt. Ich werde Ihnen im Folgenden einige vorstellen."

Vom Einzelteillieferant zum Paketlieferant

„In vielen Einkaufsabteilungen wird noch eingekauft nach dem Motto ‚Der für jedes Produkt günstigste Lieferant bekommt den Auftrag'". Dabei wird jedes Teil isoliert für sich betrachtet, ohne die Materialgruppe einzubeziehen. Zum Beispiel ist aufgrund der Angebote

bei dem Teil „Halter 1" Lieferant A der günstigste Lieferant
bei dem Teil „Halter 2" Lieferant B der günstigste Lieferant
bei dem Teil „Halter 3" Lieferant C der günstigste Lieferant
bei dem Teil „Halter 4" Lieferant D der günstigste Lieferant
bei dem Teil „Halter 5" Lieferant B der günstigste Lieferant
bei dem Teil „Halter 6" Lieferant A der günstigste Lieferant
bei dem Teil „Halter 7" Lieferant E der günstigste Lieferant

Alle fünf Lieferanten könnten sämtliche Haltertypen liefern, jedoch zu unterschiedlichen Preisen. Der klassische Einkäufer würde die verschiedenen Typen gemäß dem besten Angebot einkaufen. Er tut dies in gutem Glauben, da er die vermeintlich günstigsten Preise je Produkt erzielt hat.

Was dieser Einkäufer dabei nicht bedenkt, ist die Tatsache, dass er einen fünfmal so hohen Verwaltungsaufwand hat wie mit einem Lieferanten. Schließlich ist es seine Aufgabe, mit jedem Lieferanten einen Vertrag zu schließen, Bestellungen zu tätigen, Liefer- und Qualitätsprobleme zu lösen, eine jährliche Verhandlung zu führen und so weiter.

2. Das erste Treffen: Methoden zur Preis- und Kostenreduzierung

Dieser Verwaltungsaufwand kostet Geld, nämlich das Gehalt des Einkäufers und anderer beteiligter Personen. Ganz zu schweigen von der verschwendeten Zeit, die er für wichtigere Dinge nutzen könnte. Was hätte er stattdessen tun sollen?"

„Pakete mit wenigen Lieferanten schnüren", antwortete Herr Leopold spontan.

„Genau! Anstatt jeweils dem günstigsten Lieferanten einen Auftrag zu erteilen, sollte der Einkäufer Pakete mit den besten Lieferanten verhandeln. Als Ergebnis hätte er aufgrund der Volumenbündelung bestimmt genauso gute Preise und müsste nur mit beispielsweise zwei Lieferanten, die das ganze Sortiment der Materialgruppe ‚Halter' liefern, zusammenarbeiten. Zum Beispiel:

Lieferant A liefert Halter 1, 2, 6
Lieferant B liefert Halter 3, 4, 5, 7

Zusammenfassend kann man sagen: Wenn Sie bei neuen oder laufenden Produkten die Anzahl der Lieferanten reduzieren möchten, sollten Sie sich folgende Frage stellen: Kann ein anderer den Artikel mitliefern?"

Vom Paketlieferant zum Systemlieferant

„Sie erhalten hierzu direkt ein Beispiel", führte Herr Konrad das Gespräch fort. „Vor vielen Jahren wurde das Armaturenbrett der verschiedenen Fahrzeugtypen von einem Autohersteller noch selbst hergestellt. Hunderte von Einzelteilen kamen von einer Vielzahl Lieferanten und wurden mit großem Aufwand montiert.

Heute liefert ein Lieferant das fertige Armaturenbrett direkt an das Band, wo es von Robotern in wenigen Sekunden in das Fahrzeug eingebaut wird.

Was war geschehen? Der Autohersteller hatte einen Systemlieferanten aufgebaut, der die komplette Montage übernahm. Die Einzelteile werden direkt zum Systemlieferanten geliefert. Dieser übernimmt auch die Disposition und teilweise die Einkaufsverantwortung.

Welche erhebliche Einsparung im Verwaltungsaufwand das bedeutet, können Sie sich vorstellen. Aus einer Vielzahl an Lieferanten wurde ein Systemlieferant."

„Die Aufgabe lautet somit", meldete sich Herr Leopold, „unsere Baugruppen zu überprüfen, ob ein Lieferant die Montage übernehmen kann."

„Genau! Prüfen Sie Ihre Baugruppen und sprechen Sie mit potenziellen Lieferanten darüber. Neben der Reduzierung des Verwaltungsaufwandes durch Abbau der Lieferantenanzahl könnten als Extranutzen günstigere Montagekosten bei dem Systemlieferanten die Folge sein.

Fangen Sie mit einfachen Baugruppen an. Bei uns war dies ein Rohr mit angeschweißtem Flansch. Früher bezogen wir beide Teile von verschiedenen Lieferanten und verschweißten sie dann in unserer Fertigung. Heute liefert uns der Rohrlieferant, der als Systemlieferant fungiert, Rohr und Flansch bereits verschweißt. Wir arbeiten nur noch mit einem zusammen. Die Disposition des Flansches übernimmt der Systemlieferant."

„Geben Sie auch die Entwicklung des Flansches an den Systemlieferanten?", wollte der junge Mann wissen.

„Nein, das Entwicklungs-Know-how und die Preishoheit blieben in diesem Fall bei uns. Das muss aber nicht grundsätzlich so sein. Es kommt immer auf den Einzelfall an."

Reduzierung der Teilevielfalt

„Einen nicht unerheblichen Einfluss auf die Kosten", so der Einkaufsleiter, „hat die Wertanalyse. Dieses Thema werden wir noch intensiver betrachten. Jetzt beschränken wir uns erst einmal auf die Reduzierung der Teilevielfalt als ein Baustein der Wertanalyse.

Sie können sich vorstellen, dass bei einer Vielzahl von Produkttypen, die ein Unternehmen herstellt, die Wahrscheinlichkeit groß ist, dass auch die Anzahl an Lieferanten höher ist, als wenn Sie mit wenigen standardisierten Produkten arbeiten würden.

In der Praxis klappt das jedoch oft nicht, nur mit wenigen Typen zu arbeiten, da fast jeder Kunde irgendwelche Sonderwünsche hat. So gibt es in unserem Beispiel der Materialgruppe „Halter" mehr als hundert verschiedene Typen, die sich auf vier Kunden verteilen. Die Ursache hierfür liegt in den unterschiedlichen Projekten, Laufzeiten und Teileänderungen.

Was bei japanischen Firmen bereits seit den siebziger Jahren selbstverständlich ist, wird seit einigen Jahren auch in der westlichen Welt in großem Stil eingeführt: die Bildung von Teilefamilien zur Reduzierung der Teileanzahl. Ein sehr anschauliches Beispiel hierfür ist die Fahrzeugindustrie.

Wurde früher jeder Fahrzeugtyp bis ins Detail individuell entwickelt, so ist es heute das Ziel, möglichst viele Gleichteile der verschiedenen Typen zu schaffen. Bei Volkswagen gibt es beispielsweise folgende Standardisierung, die auch Plattformfertigung genannt wird: Fahrzeugteile für mehrere Modelle werden standardisiert – zum Beispiel Fahrzeugboden, Vorder- und Hinterachse. Auf der Plattform A werden die Modelle Audi A3, VW Golf und Skoda Octavia hergestellt. (Quelle: *DIE WELT* vom 17.07.1996.)

Warum macht das Volkswagen? Ganz logisch: Je geringer die Teilevielfalt ist, desto höher ist die Menge bei den verbleibenden Teilen. Diese Volumenbündelung hat, neben den geringeren Entwicklungskosten und günstigeren Stückpreisen, eine Reduzierung der Lieferantenanzahl zur Folge."

„Wenn der Kunde erfährt, dass ein Audi A3 die gleichen Teile hat wie ein VW Golf, besteht da nicht die Gefahr, dass der Kunde verärgert wird? Schließlich zahlt er für einen Audi A3 mehr als für einen VW Golf", wollte der junge Mann wissen.

„Eine gewisse Gefahr besteht schon, allerdings beschränkt sich Volkswagen überwiegend auf die Vereinheitlichung der Plattformen. Design und Innenausstattung bleiben unterschiedlich. Und Hand aufs Herz, welchen Endverbraucher interessiert es, ob die Achsen des Audi A3 gleich sind mit den Achsen des VW Golf?"

„Herr Konrad, eine Frage", meldete sich der junge Mann zu Wort. „Sie sprechen oft von Beispielen aus der Automobilindustrie mit hohen Stückzahlen. Da könnte man meinen, dass nur dort die genannten Methoden funktionieren. Was ist denn mit dem Mittelstand und anderen Branchen?"

Herr Konrad schmunzelte und sagte: „Gut, dass Sie darauf zu sprechen kommen. Es stimmt, dass einige Methoden besonders gut in Unternehmen mit einer Großserienfertigung funktionieren. Warum ich gerade Beispiele aus der Automobilindustrie aufzeige, hat zwei Gründe: Erstens war die Automobilindustrie eine der ersten Branchen, die einen professionellen Einkauf aufgebaut hat. Zweitens ist das Produkt Auto für jeden gut vorstellbar und damit ideal geeignet, um ein Verständnis für die Methoden zu bekommen. Selbstverständlich passt die Mehrzahl der Methoden auf alle Branchen und Unternehmensgrößen, zum Beispiel:

- Einkauf von Dienstleistungen, z.B. Gebäudereinigung, Agentur- oder Trainingsleistung
- Einkauf von Druckereierzeugnissen, z.B. Broschüren
- Einkauf von Investitionsgütern und Verbrauchsmaterial

Jeder Bereich hat seine Besonderheiten, doch die Mehrzahl von Methoden funktioniert bei allen. Ausnahme sind die Sondermaschinenbauer oder Einzelteilfertiger. Wenn keine oder nur eine geringe Menge gebündelt werden kann, sind einige Methoden zu vernachlässigen. Was jedoch für alle wichtig ist, ist die Verhandlungsführung. Darauf kommen wir später zu sprechen. Sind Sie mit dieser Stellungnahme zufrieden?", fragte der Einkaufsleiter.
„Ja, danke."

Herr Konrad fuhr fort: „Ein zweites Thema bei der Reduzierung der Teilevielfalt ist die sogenannte Deproliferation. Hierbei geht es darum, Teile innerhalb eines Produktes zusammenzufassen."
„Können Sie mir ein Beispiel nennen?", bat der junge Mann.
Der Einkaufsleiter ging zum Flipchart und zeichnete ein Bild (vgl. Abbildung 13).
„Was sollen diese drei Linien bedeuten?", fragte Herr Konrad den jungen Mann. Dieser schüttelte den Kopf.
„Bei einem Workshop in der Fertigung eines unserer Lieferanten beobachteten wir ein Montageband. Mehrere Werker waren hektisch damit beschäftigt, in die auf einem Förderband vorbeifahrenden Formen jeweils drei Einzelteile einzulegen. Es handelte sich um Drahtteile, die als Träger für die nachfolgende Kunststoffumspritzung dienten.
Wir sahen uns diesen Vorgang eine Weile an, bis uns plötzlich klar wurde, was hier verändert werden konnte. Haben Sie eine Idee?"
Herr Leopold überlegte eine Weile und meinte: „Ich könnte mir vorstellen, dass die drei Teile zusammen als ein Teil die gleiche Funktion erfüllen könnten."
„Gewonnen!", rief der Einkaufsleiter begeistert aus. „Genau dasselbe erkannten wir in diesem Moment auch. Und nicht nur wir, sondern auch der Werksleiter, der bei diesem Workshop anwesend war. Ihm fiel es wie Schuppen von den Augen! Jahrelang mühten sich die Mitarbeiter ab, das hohe

Deproliferation – Zusammenfassung von Teilen innerhalb eines Produktes

Alter Zustand: drei Teile

Abbildung 13: Deproliferation – Zusammenfassung von Teilen innerhalb eines Produktes – alter Zustand

Tempo des Bandes mithalten zu können, um drei Teile einzulegen. Und dabei war die Lösung ganz einfach: Aus drei Einzelteilen wird nun ein Drahtbiegeteil."

Herr Konrad ging erneut zum Flipchart und zeichnete ein Bild auf (vgl. Abbildung 14).

„Es ist ein banales Beispiel", fuhr Herr Konrad fort, „aber es zeigt anschaulich, welche Betriebsblindheit in manchen Unternehmen besteht. Ich will uns da nicht ausschließen. Ein Workshop mit einem großen Kunden in unserem Unternehmen brachte ähnliche Fälle hervor. Das macht auch nichts. Es zeigt, wie wichtig es ist, dass auch Außenstehende den Betrieb betrachten, um die Prozesse und Kostenstruktur weiterzuentwickeln.

In unserem Beispiel war die Einsparung offensichtlich: Anstatt drei Teile gab es nur noch ein Teil. Vorher lieferte ein Lieferant das horizontale Teil und ein anderer Lieferant die beiden vertikalen Teile. Danach gab es nur noch einen Lieferanten für das Drahtbiegeteil. Die Volumenbündelung führte zu einem

Deproliferation – Zusammenfassung von Teilen innerhalb eines Produktes

Neuer Zustand: ein Teil

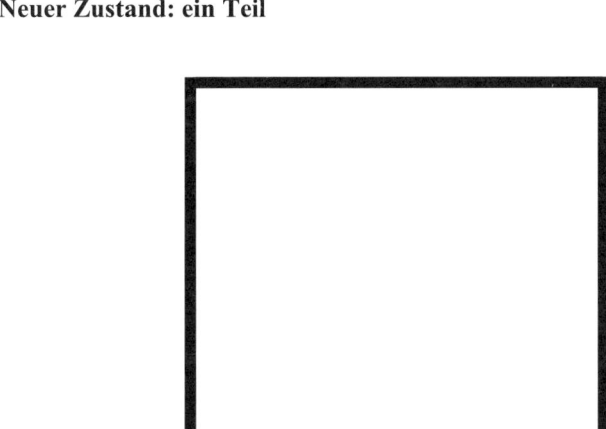

Abbildung 14: Deproliferation – Zusammenfassung von Teilen innerhalb eines Produktes – neuer Zustand

besseren Gesamtpreis und einer Reduzierung der Prozesskosten. Waren vorher drei Mitarbeiter mit dem Einlegen der Teile beschäftigt, konnten das von da an zwei Mitarbeiter bewältigen. Der dritte Werker wurde nicht freigestellt, sondern für andere wichtige Tätigkeiten eingesetzt. Haben Sie Fragen?"

„Nein", sagte der junge Mann.

C-Teile-Management und E-Procurement

„Wollen Sie richtig Zeit im Einkauf sparen", fuhr Herr Konrad fort, „dann sollten Sie das C-Teile-Management in Ihrem Unternehmen optimieren."

„Wie würden Sie C-Teile definieren?", wollte der junge Mann wissen.

„Ähnlich wie bei der Umsatzaufteilung nach Lieferanten können wir auch die bezogenen Produkte und Dienstleistungen in ihrem Wert einstufen. Im

Durchschnitt hat sich gezeigt, dass vom Gesamteinkaufswert eines Jahres 75 % auf A-Teile, 20 % auf B-Teile und 5 % auf C-Teile entfallen.

Dieser geringe Umsatzanteil von 5 % für C-Teile steht allerdings für 85 % aller bezogenen Produkte und 60 % aller Bestellungen. Das heißt: Der traditionelle Einkauf verwendet die meiste Zeit für die Beschaffung von geringwertigen Produkten."

Herr Konrad wechselte zu folgendem Chart:

ABC-Analyse des eingekauften Materials

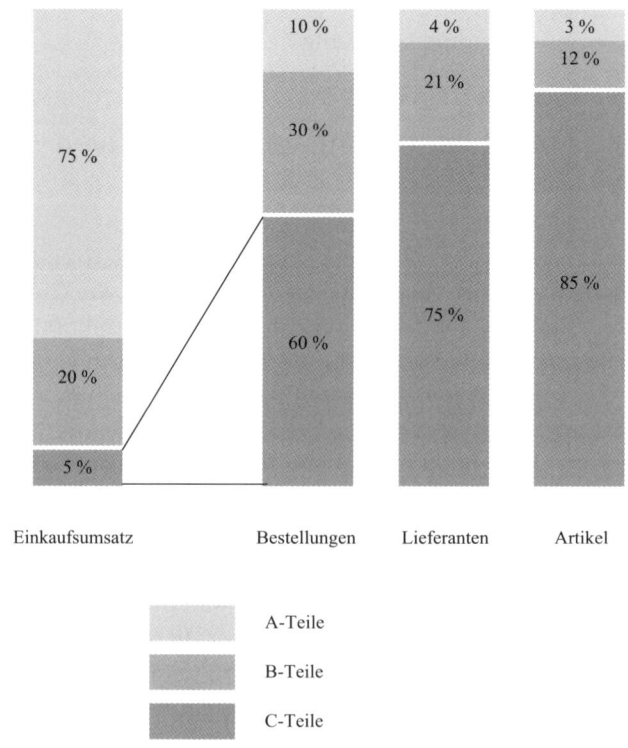

Abbildung 15: ABC-Analyse des eingekauften Materials

„C-Teile kommen sowohl im nicht-produktiven als auch im produktiven Bereich zum Einsatz. Typische Beispiele sind:

Nicht-produktive C-Teile
* Büromaterial, Computerzubehör
* Reinigungsmittel, Sanitärbedarf
* Arbeitsschutz, Laborbedarf
* Betriebseinrichtung, Industriebedarf
* Werkzeuge, Armaturen
* Verpackungsmaterial

Produktive C-Teile
* Normteile wie Verbindungselemente

Kanban und Fremdversorgung von produktiven C-Artikeln

Für die Optimierung des C-Teile-Managements im produktiven Bereich gibt es das japanische Kanban-System, bei dem die Bestellung von C-Teilen nicht mehr über den Einkauf, sondern direkt durch die Produktion erfolgt. In einem Regal sitzen jeweils hintereinander die Behälter mit der gleichen Menge eines Artikels. Die Behälter sitzen auf Rollen in einem Winkel nach unten. Entnimmt ein Mitarbeiter einen Behälter, rutscht der nächste automatisch nach vorne. Die Anzahl an Behältern entspricht dem Sicherheitsbestand.

Ursprünglich befanden sich an den Teilebehältern Karten, die bereits als Faxformular gestaltet waren. Sie enthielten alle wichtigen Daten, um eine Bestellung auszulösen. Sobald ein Behälter leer war, brauchte der zuständige Werker nur die Karte zu entnehmen und per Fax an den zuständigen Lieferanten zu schicken. Der Lieferant lieferte zu dem vereinbarten Termin direkt in das Produktionslager. Die Rechnungsstellung erfolgte als Sammelrechnung einmal im Monat.

Heute wird kaum noch mit einem Faxformular gearbeitet. In vielen Betrieben befindet sich auf der Kanban-Karte ein Barcode, der nach Entnahme des

Behälters mit einem Lesegerät gescannt wird. Die Bestellung geht über das ERP-System an den Lieferanten, die Verbuchung erfolgt automatisch.

Eine dritte Version ist die sogenannte Fremdversorgung. Es gibt Unternehmen, die die Disposition und das Auffüllen der Behälter für den Kunden übernehmen. Beispielsweise kommt der Außendienst des Dienstleisters zweimal pro Woche, schaut nach, welche Behälter leer sind, und füllt diese wieder auf.

Einige Anbieter arbeiten auch mit elektronischen Dispositions- und Bestellsystemen. Zum Beispiel stellt die Firma Würth ein Regalsystem zur Verfügung, das jede Entnahme eines Behälters speichert und täglich online die Bestellung an das eigene Unternehmen leitet. Ein ähnliches System haben Lieferanten für Gasflaschen. In den Behältern befinden sich Messgeräte, die die Füllhöhe regelmäßig prüfen und die Daten elektronisch an das Lieferunternehmen weiterleiten."

Herr Leopold hörte gespannt zu und ergänzte: „Die Vorteile für die Einkaufsabteilung liegen auf der Hand: Der Einkauf ist aus dem Bestellprozess vollständig herausgezogen und verhandelt nur einmal pro Jahr die Konditionen. Auch der Vergleich der monatlichen Sammelrechnung mit den Lieferscheinen wird bestimmt nicht vom Einkauf, sondern von der Abteilung Rechnungsprüfung in der Buchhaltung durchgeführt. Der Einkauf kann sich so auf seine A- und B-Artikel konzentrieren."

Der Einkaufsleiter nickte zustimmend.

„Besteht aber nicht die Gefahr des Missbrauchs?", wollte Herr Leopold wissen. „Wie wollen Sie prüfen, ob die gelieferte Menge mit der Menge auf der Rechnung übereinstimmt?"

„Erstens muss der Lieferant vor dem Auffüllen des Lagers den zuständigen Mitarbeiter informieren, und zweitens gibt es einen Lieferschein, mit dem eine Stichprobe durchgeführt werden kann. Sicher gehört ein gewisses Maß an Vertrauen dazu. Der Lieferant wird sich davor hüten, dieses Vertrauen zu enttäuschen."

Was ist E-Procurement?

Nach einer kurzen Pause sagte der Einkaufsleiter: „Richtig interessant ist das C-Teile-Management bei nicht-produktiven Artikeln. Denn hier können Sie optimal das Internet als Bestellmöglichkeit nutzen.

Es gibt mittlerweile Anbieter, sogenannte Full-Service-Dienstleister, die fast den gesamten Beschaffungsprozess von C-Artikeln übernehmen, und die Bestellungen erfolgen elektronisch.

Diese Anbieter haben erkannt, dass es in der Beschaffung hohe Prozesskosten gibt, egal, ob es sich um A-, B- oder C-Teile handelt: Kataloge studieren, Angebote einholen, verhandeln, bestellen, Wareneingangsprüfung, Lagerung, Verteilung an die Verbraucher und Rechnungsprüfung.

Dies alles bedeutet Arbeit und Kosten. Untersuchungen ergaben, dass der Bestellaufwand in einem mittelständischen Unternehmen pro Vorgang bis zu 50,00 € und bei Großunternehmen bis zu 75,00 € betragen kann. Bei A- und B-Teilen rechnet sich das, doch nicht bei C-Artikeln, deren Wert im Vergleich oft bedeutungslos ist. Denken Sie zum Beispiel an den Einkauf von Bleistiften oder Radiergummis."

„Wie ist der Ablauf?", wollte Herr Leopold wissen.

„Im ersten Schritt werden die User, also die Besteller im Unternehmen, festgelegt. Das können beispielsweise drei Mitarbeiter in der Verwaltung sein, jeweils einer in der Produktion und Arbeitsvorbereitung, eine Person im Lager, der Schlosser in der Werkstatt und die Putzfrau für die Beschaffung von Reinigungs- und Hygieneartikeln. Diese Personen sind autorisiert, für deren Abteilung Bestellungen vorzunehmen. Entscheidend ist, dass jeder einen PC mit Internetzugang nutzen kann.

Im zweiten Schritt bekommt jeder User eine Bestellmaske mit Passwort auf seinem Bildschirm eingerichtet. Diese Maske umfasst natürlich nicht den gesamten Katalog, sondern nur die Artikel, die für die jeweilige Abteilung gebraucht werden. Zum Beispiel hat die Verwaltung keinen Zugang zu Werkzeugen, die nur der Schlosser benötigt. Andersherum wird der Schlosser kein Büromaterial bestellen können.

Der Vorgang ist dann recht einfach: Der User ruft mittels eines Suchprogramms die gewünschten Artikel im elektronischen Katalog auf und bestellt im Internet. Innerhalb der vereinbarten Zeit wird die Ware direkt an den

Bedarfsträger geliefert. Die Lieferscheine werden gesammelt. Es kommt einmal im Monat eine Sammelrechnung."

„Ja, aber besteht da nicht die Gefahr, dass die User mehr bestellen, als sie brauchen? Wer kontrolliert die Ausgaben?", fragte der junge Mann.

„Es gibt ein Budget je Nutzer. Dieses wird durch die Bereichsleitung definiert und im Bestellprogramm gespeichert. Bei jeder Bestellung sieht der User sein Budget und den Umsatz, den er in diesem Jahr bereits getätigt hat. Somit wird er angehalten, mit dem zur Verfügung stehenden Budget hauszuhalten. Will er dieses überschreiten, muss er sich die Genehmigung der Bereichsleitung holen. Außerdem werden alle Bestellvorgänge im System erfasst und können statistisch ausgewertet werden."

„Wer ist zuständig, wenn es Lieferprobleme gibt?", wollte der junge Mann wissen.

„Das ist unterschiedlich. Manche Anbieter verweisen darauf, dass der Kunde mögliche Probleme selbst mit dem Lieferanten lösen soll. Das ist schlecht. Doch es gibt auch andere, die einen technischen Support garantieren. Das bedeutet, dass bei Liefer- oder Qualitätsproblemen nicht der Kunde, sondern der Full-Service-Dienstleister mit dem Lieferanten in Kontakt tritt."

„Das hört sich ideal an. Doch wo ist der Haken?"

„Natürlich gibt es einen Haken an der Sache", beantwortete Herr Konrad direkt die Frage. „Die Dienstleister müssen auch von etwas leben. Deswegen verlangen sie eine Gebühr für die Einrichtung der Bestellmasken, die sogenannten Implementierungskosten. Diese sind moderat. Verdient wird am Umsatz. Denn die Anbieter berechnen einen Zuschlag auf die Lieferantenpreise.

Trotzdem ist der Anbieter manchmal günstiger, als wenn Ihr Unternehmen selbst beim Lieferanten beziehen würde. Denn die Anbieter haben aufgrund des Umsatzvolumens eine große Einkaufsmacht.

Doch selbst wenn der Dienstleister unterm Strich 5 % teurer sein sollte, kann sich das für Sie rechnen: Sie sparen einen großen Teil der Prozesskosten. Und der oder die zuständigen Mitarbeiter im Einkauf, die bisher für die Beschaffung der C-Teile zuständig waren, können wichtigere Dinge tun."

„Zum Beispiel Marktuntersuchungen für A-Teile durchführen", ergänzte Herr Leopold.

„Genau! Richtig eingesetzt, können die Einkäufer Einsparungen erzielen, die die Mehrkosten einer Full-Service-Dienstleistung um ein Vielfaches wieder

ausgleichen. Der Einkäufer wird zu dem, was er eigentlich sein soll: weg vom Bestellabwickler, hin zum Beschaffungsmarktexperten."
„Bravo!", dachte sich der junge Mann und lehnte sich entspannt zurück.

Der elektronische Einkauf von C-Artikeln:

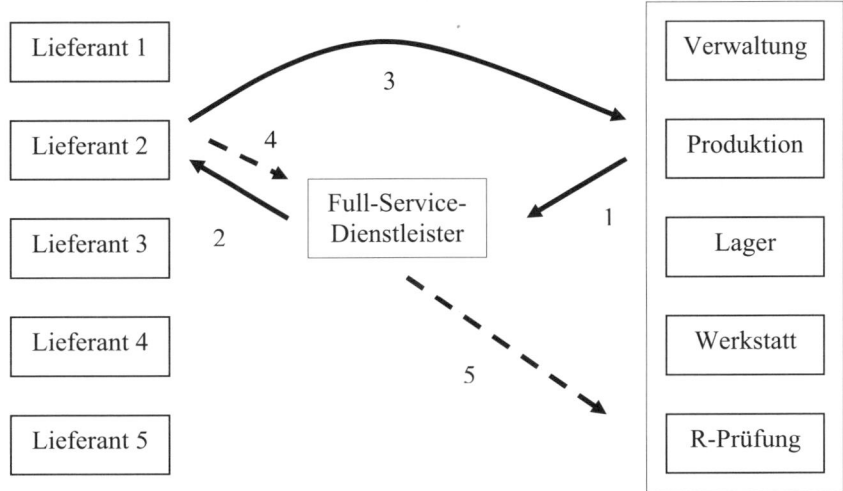

Abbildung 16: Der elektronische Einkauf von C-Artikeln

1   Die Produktion löst über das Internet die Bestellung aus
2   Der Dienstleister reicht die Bestellung an den Lieferanten weiter
3   Der Lieferant liefert direkt an den Bedarfsträger „Produktion"
4   Der Lieferant stellt dem Dienstleister seine Kosten in Rechnung
5   Der Dienstleister stellt eine monatliche Sammelrechnung

„Das ist eine tolle Sache!", rief der junge Mann begeistert.
Der Einkaufsleiter schmunzelte: „Ja, Sie haben recht. Doch die Praxis sieht so aus, dass die Mehrzahl der größeren Unternehmen ihre eigenen E-Procurement-Systeme aufgebaut haben, um sich den Preisaufschlag des Dienstleisters zu sparen. Manche haben eine eigene Plattform im Internet geschaffen, auf denen ausgewählte Lieferanten von C-Teilen ihre elektronischen Kataloge hinterlegen, andere haben einen Provider eingeschaltet, der die Plattform

zur Verfügung stellt. Der Unterschied zum Full-Service-Dienstleister ist, dass der bestellende Mitarbeiter keinen Gesamtkatalog einsehen kann, sondern den jeweiligen Katalog öffnet. Bei Lieferproblemen wird er selbst oder der Einkauf den Lieferanten kontaktieren müssen."

Elektronische Ausschreibungen

„Eine weitere interessante Sache", fuhr Herr Konrad fort, „ist die elektronische Ausschreibung von A- und B-Artikeln. Um was geht es dabei? Einige große Unternehmen haben auf ihrer Website einen Link zum Einkauf eingerichtet, damit interessierte Lieferanten sich über die Belieferung dieses potenziellen Kunden informieren können. Auf dieses Thema sind wir bereits kurz unter dem Punkt ‚Die Anfrageaktion' eingegangen."

„Das war im Zusammenhang mit dem Fragekatalog?"

„Genau", erwiderte der Einkaufsleiter. „Manche Unternehmen haben das wirklich genial gemacht. Nehmen Sie zum Beispiel die Firma Brose. Auf deren Hauptseite finden Sie den Link zum Einkauf. Dort erhalten Sie umfassende Informationen zu den zu beschaffenden Materialien, Produkten, Investitionsgütern und Dienstleistungen. Interessierte Lieferanten können sich den jeweiligen Fragebogen ausdrucken oder elektronisch beantworten. Daneben finden sie Einkaufsbedingungen und viele andere nützliche Informationen. Schauen Sie am besten selbst die Seite an: **www.brose.de**."

„Das mache ich", antwortete Herr Leopold.

„Einige Unternehmen haben die Einkaufsseite um eine Ausschreibungsplattform erweitert. Dort stellen sie regelmäßig neue Anfragen ein, zu denen freigegebene Lieferanten ihr Angebot abgeben können. Dies spart Porto- und Papierkosten und vor allem Zeit. Eingehende Angebote können zugeordnet werden und fließen automatisch in einen Angebotsvergleich ein. Höhepunkt für manche Unternehmen ist eine nachfolgende Reverse Auction. Wissen Sie, was das ist?"

„Nicht genau. Bitte erklären Sie es mir."

Die Einkaufsauktion

Der Einkaufsleiter fuhr fort: „Im Gegensatz zur klassischen Verkaufsauktion, die das Ziel hat, den Preis in die Höhe zu treiben, geht es bei der Reverse Auction um die Reduzierung des Einkaufspreises auf sein Minimum. Nachdem die ausgewählten Lieferanten ihr schriftliches Angebot abgegeben haben, werden sie zur Internetauktion eingeladen. An einem bestimmten Tag für den Zeitraum von einer Stunde haben sie die Möglichkeit, ihr Angebot zu verbessern, um schließlich den Auftrag zu erhalten. Während der Auktion sehen sie keinen Preis, sondern nur ihren Rang. Wer am Ende der Auktion den ersten Rang hat, erhält den Zuschlag. Sie als Einkäufer sehen natürlich den Angebotsverlauf. Es gibt Unternehmen, die sagen, dadurch die Preise um bis zu 18 % gesenkt zu haben."

„So viel durch eine Auktion! Das ist ja kaum zu glauben", erwiderte der junge Mann.

„Das stimmt, allerdings sind einige Parameter zu berücksichtigen. Erstens wird der *unverhandelte* Preis des niedrigsten Angebotes als Ausgangswert für die Auktion genommen. Zweitens müssen die Produkte absolut vergleichbar sein beziehungsweise ist eine konkrete Leistungsbeschreibung von entscheidender Bedeutung. Ansonsten besteht die Gefahr, dass Äpfel mit Birnen verglichen werden. Und drittens müssen die teilnehmenden Lieferanten über den Ablauf der Auktion eingewiesen werden. Das macht meist ein Dienstleister."

„Wenn ich Sie richtig verstehe", unterbrach Herr Leopold den Einkaufsleiter, „dann sind die genannten 18 % als mögliche Einsparung einer Auktion gar nicht das effektive Ergebnis. Hätte der zuständige Einkäufer klassisch den Preis nachverhandelt, dann wären bestimmt auch 10 % oder 15 % als Einsparung dringewesen."

Herr Konrad grinste. „Gut erkannt, Herr Leopold! Das sehe ich genauso wie Sie. Wir haben bereits einige Auktionen durchgeführt und kamen – wie viele andere – zu dem Ergebnis, dass die effektive Einsparung durch die Auktion durchschnittlich bei maximal 5 % lag. Außerdem muss man die Kosten des Dienstleisters und unseren Aufwand abziehen.

Natürlich ist der große Vorteil der Auktion, dass diese weniger Zeit beansprucht als eine klassische Verhandlung. Was glauben Sie denn, wie viele der *größeren* Unternehmen Auktionen durchführen?"

Herr Leopold überlegte. „Ich würde sagen, 50 %."

„Eine aktuelle Studie ergab, dass nur 35 % der größeren Unternehmen Auktionen durchführen – oft nur fünf Auktionen pro Jahr. Die Ursache hierfür ist wohl die Ernüchterung, dass Auktionen nicht mit allen Produkten und Dienstleistungen Sinn machen und die effektiven Einsparungen niedriger als erwartet waren. Nichtsdestotrotz will ich diese Methode nicht schlecht machen. Für bestimmte Unternehmen ist sie auf jeden Fall wertvoll, vor allem dann, wenn es sich um sehr große Angebotswerte handelt. Geht es um einen Ausgangswert von 1 Million Euro und die effektive Einsparung nach Abzug aller Kosten ist 3 %, dann sind das immerhin 30.000 € Einsparung."

Gemeinsame Entwicklung, Produktwertanalyse und Prozessoptimierung

„Nachdem Sie durch die Umsetzung der genannten Maßnahmen mehr Zeit für das Wesentliche im Einkauf gewonnen haben", fuhr Herr Konrad fort, „können wir jetzt zu einem der wichtigsten Themenbereiche kommen. Nämlich die gemeinsame Entwicklung, die Produktwertanalyse und die Prozessoptimierung.

Neben der Beschaffungsmarktforschung stellen diese Werkzeuge das größte Potenzial dar, um optimale Preise zu erzielen.

Es wird nun ziemlich technisch, doch ich kann Sie beruhigen. Ich bin auch ein Kaufmann, der sich den technischen Background angeeignet hat. Sie werden merken, dass Sie für die Umsetzung dieser Maßnahmen eigentlich nur einen gesunden Menschenverstand und ein gewisses Maß an Organisationstalent brauchen. Fangen wir an?"

„Gerne."

Von Anfang an das kostenoptimale Produkt entwickeln

„Gemeinsame Entwicklung bedeutet, neue Produkte unter Einbezug des Lieferanten so zu entwickeln, dass möglichst von Anfang optimale Kosten gewährleistet sind", fuhr der Einkaufsleiter fort. „Früher entwickelten die Konstrukteure des Kunden ‚ihr Produkt'. Der Lieferant bekam die fertigen

Zeichnungen sowie Spezifikationen, und seine Aufgabe war es, gemäß den Vorgaben das Produkt zu fertigen. Das funktionierte natürlich, doch hatte es einen großen Nachteil: Es wurde nicht das Know-how des Produzenten bei der Entwicklung einbezogen. Wie wichtig dies sein kann, möchte ich Ihnen anhand eines Beispiels aufzeigen.

Vor einigen Jahren führten wir einen Workshop zur Prozessoptimierung im Betrieb eines Lieferanten durch. Dieses Unternehmen bearbeitete Rohre für uns. In verschiedenen Stufen wurden die Rohre gebogen, kalibriert und entgratet. Als wir uns den Arbeitsgang ‚Entgraten' näher betrachteten, stellten wir die Frage, warum dies überhaupt notwendig sei. Der Lieferant meinte, dass ohne das Entgraten die vorgegebene Toleranz in der Zeichnung nicht zu erreichen sei. Wir notierten diesen Punkt und besprachen ihn später mit unserer Technik. Und jetzt halten Sie sich fest, junger Mann, was glauben Sie, was das Gespräch mit unserer Technik ergab?"

Ohne dem jungen Mann Gelegenheit zur Antwort zu geben, sagte der Einkaufsleiter: „Keiner wusste, woher diese Toleranz kam. Irgendein Konstrukteur hatte wohl vor Jahren die Toleranz für diesen Rohrtyp festgelegt, in dem guten Glauben, dass sie so richtig und notwendig sei. Seine Nachfolger hatten sie immer wieder für neue Projekte übernommen. Niemand hinterfragte, ob diese Toleranz auch wirklich notwendig sei!

Die Entfeinerung der Toleranz hatte das Ergebnis, dass auf das Entgraten beim Lieferanten zukünftig verzichtet werden konnte. Einsparung je Rohr 0,20 €. Bei 70.000 Rohren im Jahr eine ansehnliche Einsparung, oder?"

„Kaum zu glauben", meinte Herr Leopold, „da wurde jahrelang ein Arbeitsgang durchgeführt, den man überhaupt nicht braucht."

„Es ist so, und hätten wir nicht den Workshop durchgeführt, wäre das nicht aufgefallen. Sie sehen also, wie wichtig es ist, die Lieferanten von Anfang an einzubeziehen. Sie sind die Fachleute für die Fertigung und sollten bei der Entwicklung ihre Ideen einbringen können. Dann wäre dieser Vorfall von Anfang an vermeidbar gewesen.

Ihre Aufgabe als Einkäufer ist es, bei diesen Gesprächen dabei zu sein. Sie sind zuständig für die Kostenkontrolle."

„Im Klartext heißt das", warf Herr Leopold ein, „dass ich immer wieder hinterfrage, welche Kosten bei der einen oder anderen Variante entstehen, damit das Produkt nicht nur qualitäts-, sondern auch kostenoptimal entwickelt wird."

„Genau! Manche Unternehmen gehen sogar noch einen Schritt weiter: Sie übergeben die Entwicklung der Zukaufteile ganz in die Hände der Lieferanten! Bei dem sogenannten Black-Box-Verfahren erhält der Lieferant nur grobe Vorgaben. Mit diesen wenigen Daten soll er selbst die optimale Lösung finden.

Um einen gesunden Wettbewerb aufzubauen, beauftragt der Kunde damit nicht nur einen Lieferanten, sondern auch dessen Mitbewerber. In einem gemeinsamen Meeting stellt jeder Lieferant seine Lösung vor. Dann wird darüber entschieden, welche Variante realisiert werden soll."

„Das klingt ganz schön hart. Machen da die Lieferanten mit?"

„Dieses Verfahren ist natürlich nur bei größeren Projekten sinnvoll. Der in Aussicht gestellte Umsatz bei Auftragsvergabe sollte für alle Beteiligten interessant sein."

„Ich weiß nicht, ob das bei uns funktionieren kann", meinte der junge Mann.

„Es ist vollkommen klar, dass nicht jede Methode, die ich Ihnen vorstelle, auch in jedem Unternehmen anwendbar ist. Sicher spielen die Marktsituation und die Unternehmensgröße eine Rolle. Doch entscheidend ist, dass Sie sich selbst keine Grenzen setzen, zumindest nicht bevor Sie es ausprobiert haben."

Der junge Mann nickte zustimmend.

Herr Konrad ging zum Flipchart und zeichnete die Erkenntnisse an die Tafel (vgl. Abbildung 17).

Advanced Purchasing – der vorgezogene Einkauf

„Wenn Sie sich für die Zusammenarbeit mit einem Lieferanten zur Neuentwicklung eines Produktes entschieden haben", so der Einkaufsleiter, „ist jedoch zu beachten, dass der Lieferant nicht versucht, seine Position auszunutzen. Das haben Sie doch bestimmt auch schon erlebt: Nachdem das Produkt fertig entwickelt war, stellte sich heraus, dass der Preis, den der Lieferant für die Produktion der Serie forderte, überhöht war."

Herr Leopold nickte zustimmend und ergänzte: „Mehr als 2 bis 3 Prozent Nachlass waren bei der Nachverhandlung nicht mehr drin. Der Lieferant wusste genau, dass wir von ihm abhängig waren. Deswegen blieb uns nichts anderes übrig, als erst einmal den hohen Preis zu akzeptieren und dann zu

Einbindung von Lieferanten in den Entwicklungsprozess der Zulieferindustrie

Komplettvergaben/Black Box (Stufe III):

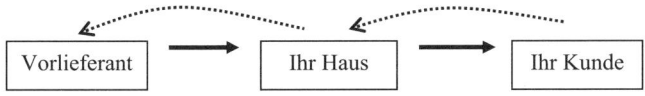

Gemeinsame Entwicklungsteams (Stufe II):

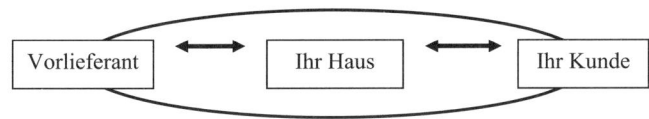

Produktion nach Spezifikationsvorgaben (Stufe I):

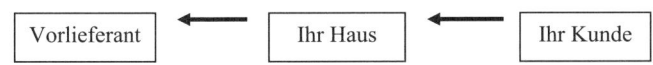

Abbildung 17: Einbindung von Lieferanten in den Entwicklungsprozess der Zuliefer-industrie

einem anderen Lieferanten zu wechseln. Bis der jedoch liefern konnte, verging ein weiteres Jahr, außerdem entstanden nochmals Werkzeugkosten."
„Sie sehen", fuhr Herr Konrad fort, „Lieferanten versuchen eine Alleinstellung zu erreichen, mit dem Ziel, die Serienfertigung zu erhalten und den Preis zu bestimmen. Dies gilt es zu vermeiden."
„Aber wie?"
„Entscheidend für den Erfolg ist erstens, dass Sie rechtzeitig von Ihrem Vertrieb und/oder Ihrer Entwicklung über ein neues Projekt informiert werden. Rechtzeitig heißt: In dem Moment, wo der Vertrieb oder die Technik

einen neuen Entwicklungsauftrag erhält, geht die Information darüber sofort auch an den Einkauf.

Zweitens darf es nicht der Fall sein, dass die Technik selbst einen Entwicklungslieferanten beauftragt, ohne den Einkauf bei der Auswahl einzubeziehen. Doch das ist leider in vielen Unternehmen noch Praxis. Die Entwicklung holt sich ‚ihren' Stammlieferanten, mit dem sie schon seit Jahren hervorragend zusammengearbeitet hat. Sicher, aus Sicht der Technik ist diese Vorgehensweise verständlich. Der bestehende Lieferant hat sich bewährt, er hat seinen Firmensitz in der Nähe, die Muttersprache ist Deutsch. Doch was ist mit den Kosten? Es muss sichergestellt sein, dass die Preishoheit beim Einkauf liegt und die Entscheidung über den Lieferanten gemeinsam gefällt wird.

Erst wenn diese beiden Voraussetzungen erfüllt sind, funktionieren auch die nächsten Schritte.

Wenn Ihr Unternehmen Angebote für die Entwicklungskosten eingeholt hat, dann sollten Sie kurz darauf auch den Stückpreis auf Basis der geschätzten Jahresmenge anfragen. Die meisten Lieferanten wehren sich natürlich dagegen. Wer will schon von Anfang an nur aufgrund eines Lastenheftes ein verbindliches Angebot erstellen? Doch das müssen Sie zur Bedingung machen. Sie können den Lieferanten vorschlagen, zuerst nur einen Kostenvoranschlag oder Richtpreis abzugeben. Das langt meistens, um einen Preisvergleich durchführen zu können. Denn parallel zur Anfrage bei dem durch die Technik gewünschten Lieferanten fragen Sie auch bei anderen potenziellen Firmen an. Dann haben Sie einen Hebel, den Lieferanten von Anfang an auf das Marktniveau zu bringen. Gibt es im Laufe der Entwicklung Änderungen, dann fragen Sie zwischendurch und zum Abschluss die jeweils aktuelle Zeichnung bei den Wettbewerbern an. Sehr schnell erkennen Sie, ob der Entwicklungslieferant versucht, höhere Kosten als notwendig einzukalkulieren. So haben Sie eine reelle Chance, auch für die Serienproduktion einen wettbewerbsfähigen Preis zu erzielen. Ein Beispiel:

Für die Entwicklung des Nachfolgemodells eines Gerätes wurden von unserer Geschäftsführung zwei Lieferanten angefragt. Sie hören richtig: von unserer Geschäftsführung. Denn bei Großinvestitionen behielten sich die Herren da oben vor, selbst die Sache in die Hand zu nehmen. Dass wir im Einkauf von dieser Vorgehensweise nicht begeistert waren, können Sie sich vorstellen. Nun gut. Die Geschäftsführung holte also Angebote ein beim aktuellen Serienlieferant für das laufende Modell und bei einem Wettbewerber. Die Angebote für die Entwicklungskosten waren:

Serienlieferant: 900.000 €
Wettbewerber: 350.000 €

Aufgrund des großen Unterschiedes wollte die Geschäftsführung sich sofort für den Wettbewerber entscheiden. Schließlich hatte er auch gute Referenzen. Wir protestierten im Einkauf und verlangten, dass vor Vergabe des Entwicklungsauftrages auch Stückpreis und Werkzeugkosten für die Serienproduktion angeboten werden. Wie zu erwarten war, wehrte sich der Wettbewerber vehement. Es verlangte mehrere Telefonate ‚auf Geschäftsführungsebene', bis sein Angebot doch vorlag. Jetzt halten Sie sich fest, junger Mann, denn die Unterschiede waren unglaublich:

Serienlieferant: 2.700,00 €/Stück
Wettbewerber: 4.100,00 €/Stück

Der Unterschied je Gerät inklusive Werkzeugkosten lag bei sage und schreibe 1.400,00 EUR. Von diesem Gerät sollten jährlich 700 Stück produziert werden über eine Laufzeit von sieben Jahren. Die vermeintliche Einsparung bei den Entwicklungskosten in Höhe von 550.000 EUR hätte schon im ersten Jahr zu Mehrkosten von 430.000 EUR geführt."
„Ja, aber Sie waren doch gar nicht verpflichtet, bei dem Wettbewerber auch die Serienfertigung zu beauftragen", warf Herr Leopold ein.
„Natürlich nicht, doch handelte es sich hierbei um ein sehr komplexes Gerät. Die Entwicklung bei einem Lieferanten und die Produktion beim anderen Lieferanten hätte mit großer Wahrscheinlichkeit zu Problemen geführt. Deswegen wollten wir alles aus einer Hand bekommen."
Herr Konrad fuhr fort: „Die Serienpreisverhandlung – vor Vergabe des Entwicklungsauftrages – ergab schließlich, dass wir zu dem Wettbewerber wechselten, weil dieser den Stückpreis auf das Niveau des Serienlieferanten reduzierte. Hätten wir das nicht bereits am Anfang getan, hätten wir bei Beendigung der Entwicklung ein großes Problem gehabt. Oder würden Sie als Lieferant freiwillig die Preise um 30 % senken, wenn Sie wüssten, dass der Kunde von Ihnen abhängig ist?"

Der junge Mann schüttelte den Kopf.

„Also versuchen Sie von Anfang an, den Serienpreis zumindest als Richtpreis festzuziehen! Daher auch der Name Advanced Purchasing. Es bedeutet: ‚Der vorgezogene Einkauf‘ oder ‚Den besten Lieferanten von Anfang an haben‘. Übrigens: Seit diesem Fall wurde auch die Beschaffung von Großinvestitionen komplett an den Einkauf übertragen.“

Nach einer kurzen Pause ergänzte der Einkaufsleiter: „Eine Sache ist in diesem Zusammenhang noch wichtig. Lassen Sie es niemals zu, dass Ihr Entwicklungslieferant auf einzelne Bauteile ein Patent anmeldet oder Bauteile einsetzt, auf die er bereits ein Patent hat. Niemals! Wenn das geschieht, hat der Lieferant Sie wieder in der Hand. Er wird früher oder später versuchen, diesen Vorteil für sich auszunutzen.“

Produktwertanalyse

„Wir kommen jetzt zu keinem neuen Thema“, fuhr Herr Konrad fort. „Die Produktwertanalyse ist bereits fast 50 Jahre alt und stellt ein wesentliches Werkzeug zur Kostenreduzierung dar.

Da könnte man doch meinen, dass es für jedes Unternehmen selbstverständlich sei, regelmäßig Wertanalyse zu betreiben – doch das ist nicht der Fall. In der Theorie weiß fast jeder, was Wertanalyse bedeutet, doch in der Praxis wird sie nur von einem Teil der Betriebe professionell angewandt. Warum?“

„Keine Zeit!“, konterte sofort Herr Leopold.

„Genau, wir sind wieder beim gleichen Problem. Schuld ist immer die Zeit, die wir angeblich nicht haben. Ein bekannter Autor erklärte dazu: ‚Wer sagt: Ich habe keine Zeit, meint eigentlich damit: Mir ist etwas anderes wichtiger.‘ Die Leute, die nie Zeit haben für das Wesentliche, sollten einmal ihren Arbeitstag überprüfen und sich fragen, welche ihrer Tätigkeiten wirklich zum Erfolg des Unternehmens beitragen.

Die Unternehmen, die sich regelmäßig mit Wertanalyse beschäftigen, bestätigen, welche grandiosen Einsparungen möglich sind. Immer wieder hört man von Einsparungen, die sich bei 20 und mehr Prozent bewegen. Es ist also wert, dieses Thema einmal genauer zu betrachten.“

Der Einkaufsleiter wechselte an seinem Laptop zu folgendem Bild:

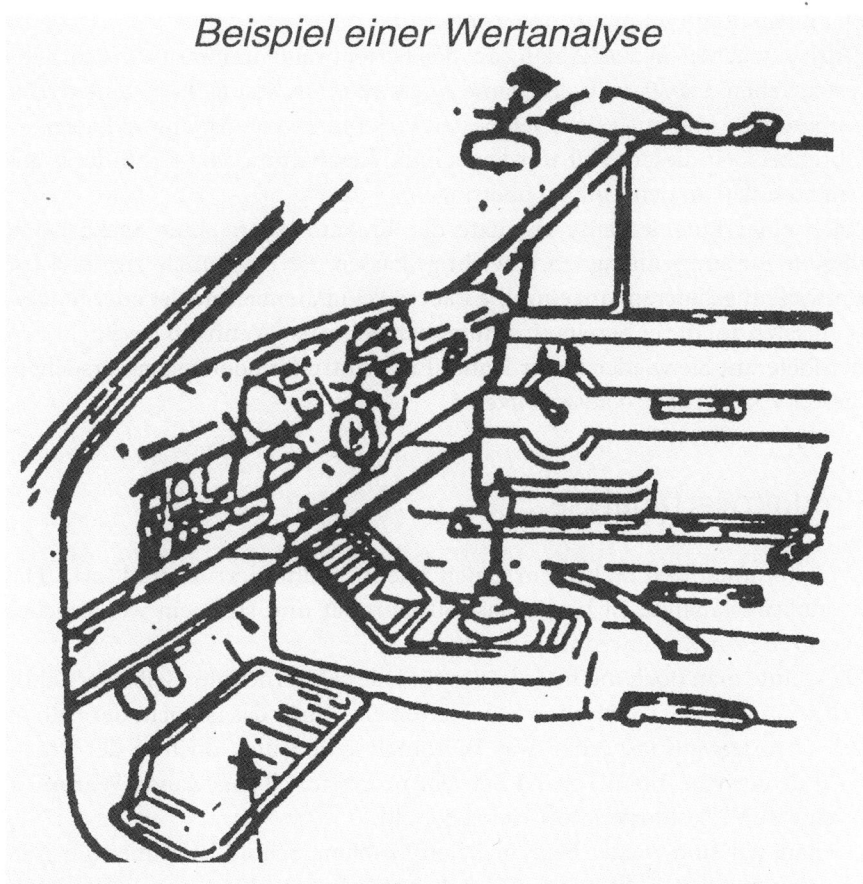

Abbildung 18: Beispiel einer Wertanalyse

„Wissen Sie, um was es sich hier handelt?", fragte Herr Konrad.

„Es sieht aus wie der Innenraum eines PKW."

„Sehr richtig, und am Boden sehen Sie die Fußmatte. Sie ist im Verhältnis zu den üblichen Fußmatten sehr klein, nicht wahr?"

„Ja, ganz schön hässlich", meinte Herr Leopold.

„Dies ist ein klassisches Beispiel für die Produktwertanalyse. Aus der ehemals über den gesamten Fußraum verteilten Matte ist nur das Stück übrig geblieben, auf das der Fahrer normalerweise seine Füße stellt.

Die Einsparung ist enorm: Etwa die Hälfte der Fußmatte konnte reduziert werden. Bei der Anzahl an Fahrzeugen, die ein Autohersteller pro Jahr produziert, ergibt sich dadurch eine Einsparung von mehreren hunderttausend Euro."

„Ja, aber das ist doch überhaupt nicht kundengerecht!", warf der junge Mann empört ein.

„Sie haben recht, und für das betreffende Unternehmen war es auch ein totaler Flop, denn sie hatten vergessen, den Kunden vorher zu fragen. Nach kurzer Zeit wurde die Änderung wieder zurückgenommen, und heute findet sich in allen Fahrzeugen wieder die bewährte große Fußmatte.

Möchten Sie Wertanalyse betreiben, dann merken Sie sich folgenden Satz."

Herr Konrad schrieb an das Flipchart:

Quality Function Deployment (QFD):

Produziere die Qualität, für die der Kunde bereit ist zu zahlen.

„Bei Produkten, deren Erscheinungsbild für den Endkunden wichtig sein könnte, sollte vor einer Änderung durch eine Stichprobenumfrage herausgefunden werden, ob der Endkunde damit auch einverstanden ist. Erst dann sollte die Markteinführung erfolgen. Dies ist mit Quality Function Deployment gemeint.

Dabei geht es nicht nur um visuelle, sondern auch um kinästhetische und auditive Merkmale. Oder ist Ihnen das Geräusch, wenn die Tür Ihres Wagens geschlossen wird, egal?"

„Mir ist es schon wichtig, dass nichts quietscht und das Einrasten sich eher dumpf anhört", meinte Herr Leopold.

„Sie sehen, wie wichtig dieses Thema ist. Mittlerweile senden fast alle Autohersteller aus diesem Grund dem Käufer eines PKW einen Fragebogen zu. Mit diesem Fragebogen wollen sie herausfinden, was dem Kunden besonders wichtig ist. Bei Folgemodellen versuchen die Konstrukteure diese Wünsche in die Entwicklung einzubeziehen."

Herr Konrad fuhr fort: „Auf dem nächsten Schaubild zeige ich Ihnen die Schritte eines Wertanalyse-Workshops."

Der Einkaufsleiter wechselte zu folgendem Chart:

Die 7 Schritte der Produktwertanalyse

1. Das Produkt wird in seine Einzelteile zerlegt.

2. Für jedes Einzelteil werden die Herstellkosten/Einkaufspreise in Euro sowie der Prozentanteil an den Gesamtkosten ermittelt und in eine Stückliste eingetragen.

3. Jedes Einzelteil wird einer Funktion zugeordnet und der Anteil an der Gesamtfunktion geschätzt:

Hauptfunktion: Jene technischen Eigenschaften, die unbedingt erforderlich sind, damit das Produkt funktioniert.

Nebenfunktion: Elemente oder Eigenschaften, die sich überwiegend auf das Aussehen, die Form und Handlichkeit beziehen. Sie dienen zur Unterstützung der Hauptfunktion und der Verkaufsförderung.

Unnötige Funktion: Solche Funktionen, die nichts dazu beitragen, dass das Produkt besser funktioniert, sich leichter verkaufen lässt, leichter zu montieren oder einfacher in der Wartung ist – die also nur unnötige Kosten hinzufügen.

4. Bewertung der Einzelteile nach Funktion/Herstellkosten, z.B.
   Teil A hat 8 % Funktion an der Gesamtfunktion und trägt 26 % der Kosten. Einzelteile mit geringer Funktion, aber hohen Kosten zuerst untersuchen.

5. Brainstorming: Welche Möglichkeiten gibt es, die Kosten – bei Einhaltung der vom Markt geforderten Qualität – zu reduzieren?

6. Ermittlung der jährlichen Einsparung, Investitionen und Amortisationszeit.

7. Verifizierung und Realisierung

„Haben Sie dazu Fragen?", wollte der Einkaufsleiter wissen.

Herr Leopold ging konzentriert die Liste durch und meinte dann: „Können Sie mir ein Beispiel für eine Stückliste zeigen?"

„Für die Ausbildung unserer Jungeinkäufer nehmen wir gerne ein einfaches Beispiel."

Herr Konrad öffnete einen Schrank und holte einen Halogenstrahler hervor, wie man ihn in jedem Baumarkt erwerben kann.

„Dieses hochwertige Produkt", scherzte der Einkaufsleiter, „besteht aus vielen Teilen und ist daher sehr gut für eine Wertanalysestudie geeignet. Auf diesem Schaubild sehen Sie die Stückliste mit den bereits eingetragenen Daten."

Herr Konrad wechselte zum nächsten Schaubild (siehe Abbildung 19).

„Diese Stückliste", fuhr Herr Konrad fort, „erhebt weder Anspruch auf Vollständigkeit noch auf Richtigkeit der Daten. Es ist lediglich eine Übung. Nachdem die Zahlen ermittelt und Prioritäten gesetzt wurden, beginnt jetzt das Brainstorming. Ziel ist es, Möglichkeiten zu finden, wie die Einzelteile für sich oder im Gesamtzusammenhang hinsichtlich der Kosten optimiert werden können.

Um die Ideenfindung zu erleichtern, gibt es einen Fragenkatalog. Gehen Sie gemeinsam Frage für Frage durch, und Sie werden sicherlich viele Möglichkeiten zur Verbesserung aufdecken."

Der Einkaufsleiter wechselte zu einem weiteren Bild.

Stückliste für Wertanalyse

Projekt: ABC
Serienanlauf:
Montageort:

Produkt: Halogenstrahler
Sachnummer: 1234567
Jahresbedarf: 40.000 Stück

*Hauptfunktion (HF)
Nebenfunktion (NF)
Unnötige Funktion (UF)

Bezeichnung	Sachnummer	Anzahl	Jahresbedarf	Lieferant	Gesamtkosten	%-Anteil	Funktion*	Notiz
Alu-Gehäuse		1	40.000	A	1,50 EUR	22,97 %	HF	
Alu-Deckel		1	40.000	A	0,80 EUR	12,25 %	HF	
Glas		1	40.000	B	0,10 EUR	1,53 %	HF	
Halter		1	40.000	C	0,60 EUR	9,19 %	NF	
Reflektor		1	40.000	D	0,20 EUR	3,06 %	HF	
Träger		1	40.000	E	0,30 EUR	4,59 %	NF	
Kabel		3	120.000	F	0,06 EUR	0,92 %	HF	
Verteiler		1	40.000	F	0,20 EUR	3,06 %	NF	
Hülse		1	40.000	F	0,02 EUR	0,31 %	NF	
Schraube A		4	160.000	G	0,02 EUR	0,31 %	NF	
Schraube B		2	80.000	G	0,01 EUR	0,15 %	NF	
Schraube C		4	160.000	G	0,02 EUR	0,31 %	NF	
Leuchtmittel		1	40.000	H	0,70 EUR	10,72 %	HF	
Montage					1,50 EUR	22,97 %		
Overhead					0,50 EUR	7,66 %		
Summe:		22		8	6,53 EUR	100,00 %		

Abbildung 19: Stückliste für Wertanalyse

Fragenliste zur Produktwertanalyse

Funktion
- Kann die Funktion durch ein anderes Teil mit übernommen werden?
- Kann auf einzelne Teilfunktionen verzichtet werden?
- Kann die Funktion durch andere Verfahren erfüllt werden?
- Ist die Funktion für die Mehrzahl der Kunden notwendig?
- Was macht die Konkurrenz?

Konstruktive Gestaltung
- Können durch Änderung der Formgebung Materialkosten eingespart werden?
- Können einzelne Bauteile von Zulieferanten bezogen werden?
- Können Teile aus dem bestehenden Sortiment verwendet werden?
- Können anstelle von Neuteilen Normteile verwendet werden?
- Zeigt das Teil Übergröße im Vergleich zu ähnlichen Teilen?

Funktionsbedingte Eigenschaften
- Ist eine Entfeinerung von Toleranzen zulässig?
- Können sonstige funktionsbedingte Anforderungen herabgesetzt werden?
- Ist eine andere Oberflächenbeschaffenheit zulässig?
- Ist eine andere Oberflächenbehandlung möglich?

Material
- Ist eine Umstellung auf ein anderes Material oder eine andere Güteklasse möglich?
- Kann der Materialverbrauch durch kleinere Abmessungen verringert werden?
- Kann der Abfall durch andere Verfahren verringert werden?
- Kann der Abfall anderweitig verwendet werden?

Einkauf
- Kann der Einkaufspreis durch andere Konditionen gesenkt werden?
- Ist der Einkaufspreis gerechtfertigt? (Preisanalyse)
- Gibt es einen günstigeren Lieferanten?
- Kann der Lieferant Vorschläge zur Kostensenkung machen?
- Ist Eigenfertigung wirtschaftlicher?

Fertigung/QS

- Gibt es für das Teil andere Fertigungsverfahren oder Produktionsmittel?
- Werden seitens der Qualitätskontrolle höhere Anforderungen gestellt als erforderlich?
- Können durch Änderung von Stückzahlen und Lieferfristen Mehrkosten vermieden werden?

„Als Nächstes kalkulieren Sie die potenziellen Einsparungen und Kosten der Veränderung. Erst wenn die Einsparungen im Verhältnis zum Einsatz interessant sind, kommt der nächste Schritt: Ihre Fachleute in der Technik prüfen die Machbarkeit."

„Da sind wir beim Problem", meinte Herr Leopold. „Wir werden sicher keine Unterstützung seitens der Technik erhalten."

„Na, wer wird denn gleich aufhören, ohne angefangen zu haben? Sie sollten folgendermaßen vorgehen: Organisieren Sie anfangs nur einmal im Monat ein Wertanalysegespräch. Hierzu laden Sie den Lieferanten und den zuständigen Techniker ein. Dauer: maximal ein halber Tag. Sie werden staunen, welche Ideen der Lieferant und der Techniker einbringen. Ihre Aufgabe ist es, dieses Meeting zu organisieren und zu moderieren. Und was die Motivation Ihres Kollegen betrifft: Versuchen Sie ihn für die Sache zu begeistern, indem Sie ihm unter vier Augen vorschlagen, die Ideen als Verbesserungsvorschläge einzureichen. Kommt es zur Umsetzung und somit zur Zahlung einer Prämie, teilen Sie sich diese. Und was sagen Sie jetzt?"

„Das ist die Lösung!", rief der junge Mann voller Begeisterung.

Prozesswertanalyse – der KVP-Workshop

„Wissen Sie, was ein Qualitätszirkel ist?", fragte Herr Konrad den jungen Mann.

„Ich nehme an, es hängt mit der Verbesserung der Qualität zusammen."

Ohne darauf direkt einzugehen, sagte der Einkaufsleiter: „Ihren Ursprung hatten die Qualitätszirkel in Japan, wo es schon in den siebziger Jahren üblich war, regelmäßig Treffen abzuhalten mit dem Ziel, die Qualität von Produkten und deren Herstellungsprozess zu optimieren. Dies waren keine Treffen von Ingenieuren und hohen Bereichsleitern, sondern Arbeitskreise aus

Werkern und Vorarbeitern. Denn sie hatten die besten Ideen, wie sie ihren Arbeitsbereich verbessern konnten.

Der Unterschied zu unserem Vorschlagswesen war, dass die Mitarbeiter nicht alleine über mögliche Verbesserungen nachdachten, sondern dies gemeinsam im Team taten. Außerdem konzentrierte sich diese Arbeit nicht nur auf die Produktwertanalyse, sondern auch auf die Verbesserung der Prozesse.

Aus diesen Qualitätszirkeln entwickelten sich Anfang der achtziger Jahre die sogenannten Kaizen-Workshops. Ziel war es, einen kontinuierlichen Verbesserungsprozess zu entwickeln, bei dem nicht nur die ‚großen' Einsparungen zählten, sondern alle Veränderungen, die einen positiven Beitrag für das Gesamtunternehmen leisteten.

Seit Ende der achtziger Jahre übernahmen auch immer mehr westliche Unternehmen die Denkweise eines kontinuierlichen Verbesserungsprozesses. Vorreiter in Europa war der Spanier Ignacio López. Allgemein hat sich hierfür die Abkürzung KVP etabliert, wobei fast jedes Unternehmen seine eigene Bezeichnung dafür hat. PICOS, TANDEM, SPI, SUCCESS sind typische Begriffe für die gleiche Sache."

„Das hört sich interessant an, doch ist es nicht vor allem ein Thema für die Technik? Was hat der Einkauf damit zu tun?", wollte Herr Leopold wissen.

Der Einkaufsleiter lächelte und fragte: „Ist es Ihre Aufgabe, Marktpreise zu erzielen?"

„Ja."

„Wenn es Ihre Aufgabe ist, Marktpreise zu erzielen, dann schaffen Sie das nur, wenn Sie möglichst viele Methoden zur Auswahl haben. Was tun Sie zum Beispiel bei einem Lieferanten, der eine vermeintliche Monopolstellung hat? Wie überzeugen Sie ihn, seine Preise zu senken? Mit Wettbewerb? Geht nicht. Durch Druck? Vergessen Sie es. Neben einer hervorragenden Verhandlungskunst gibt es eine Möglichkeit, diese schwierige Situation zu meistern: Sie müssen versuchen, gemeinsam mit dem Lieferanten die Kosten zu senken. Dann haben Sie eine reelle Chance, anteilig auf die Einsparung eine Preisreduzierung zu erhalten.

Oder was tun Sie, wenn eine Marktuntersuchung bei austauschbaren Lieferanten ergab, dass Ihr bestehender Lieferant bereits der günstigste ist? Lehnen Sie sich zurück und ruhen Sie sich auf Ihren Lorbeeren aus, oder was tun Sie? Mit der Prozessoptimierung haben Sie gute Chancen, weiteres Einsparpotenzial aufzudecken.

Sicher ist das ein überwiegend technisches Thema. Deswegen können Sie alleine als Einkäufer kaum etwas bewegen. Sie brauchen dazu den Kollegen aus der Technik, der für das jeweilige Produkt Fachmann ist.

Ihre Aufgabe als Einkäufer ist es, ähnlich wie bei der Produktwertanalyse Termine für Workshops mit den Lieferanten zu vereinbaren, dabei zu sein, ‚dumme' Fragen zu stellen und vor allem das Ergebnis festzuhalten. Schließlich folgt nach einem Workshop immer das kaufmännische Abschlussgespräch. Hier sind Sie am Zug. Es geht darum, die Einsparungen aufgrund der Workshops in Preisreduzierungen umzusetzen."

„Gut, Sie haben mich überzeugt. Wie ist der Ablauf?", fragte Herr Leopold.

„Es sind mehrere Stufen zu beachten."

Die 5 Schritte eines KVP-Workshops

1. Lieferantenauswahl

2. Kick-off-Meeting

3. Workshop

4. Technisches Nachgespräch

5. Kaufmännisches Nachgespräch

„Der erste Schritt ist die Festlegung der Lieferanten für einen solchen Workshop. Die Auswahl geschieht nach drei Kriterien. Es kommen nur solche Lieferanten in Frage:

- die Zeichnungsteile für Ihr Unternehmen herstellen;
- mit denen Sie einen Jahresumsatz über 0,25 Mio. EUR je Materialgruppe machen und
- mit denen Sie langfristig zusammenarbeiten wollen."

„Warum nur Zeichnungsteile?", wollte der junge Mann wissen.

„Zeichnungsteile sind Produkte, die ausschließlich für Ihr Unternehmen hergestellt werden. Standardprodukte werden üblicherweise auch an viele andere Kunden verkauft. Oft hat der Lieferant darauf ein Patent angemeldet. Glauben Sie, dass der Lieferant Sie in seine Fertigung lässt, wenn es um das Know-how eigener Produkte geht? Wohl kaum. Ausnahme ist, wenn Ihr Anteil an den Standardprodukten sehr hoch ist."

Herr Konrad fuhr fort: „Ein Umsatz von 0,25 Mio. EUR bei einer Materialgruppe ist notwendig, damit sich der Aufwand auch rechnet. Die Durchführung eines solchen Workshops verlangt den Einsatz von mindestens zwei Personen, nämlich des zuständigen Technikers und des Einkäufers. Ein Projekt nimmt in der Regel vier bis sieben Arbeitstage über einen Zeitraum von drei Monaten in Anspruch. Schaffen Sie es durch den Workshop, die Preise um 10 % zu senken, dann bedeutet dies bei einem Jahresumsatz von 0,25 Mio. EUR eine jährliche Einsparung von 25.000 EUR. Nicht viel, wenn man den Aufwand dagegenrechnet.

Schließlich sollten Sie sich die Arbeit nur bei solchen Lieferanten machen, bei denen Produkte laufen, die auch noch in drei Jahren eingesetzt werden. Eine Untersuchung bei Auslaufteilen zu machen bringt wenig."

„Einverstanden", meinte Herr Leopold.

„Haben Sie sich für bestimmte Lieferanten entschieden, ist es jetzt Ihre Aufgabe, am Telefon Termine für eine Präsentation, das sogenannte Kick-off-Meeting, zu vereinbaren. Hier zählt bereits Ihre Verhandlungskunst, denn Sie müssen den Lieferanten davon überzeugen, dass ein gemeinsamer Workshop für beide Seiten sehr wichtig ist. Haben Sie Ideen, wie Sie das tun könnten?"

Der junge Mann überlegte kurz und sagte: „Man muss dem Lieferanten die Vorteile aufzeigen, die er davon hat."

„Bravo! Sie haben erkannt, um was es geht. Wenn Sie dem Lieferanten nur sagen, dass Sie eine Preisreduzierung als Ziel haben, wird die Tür sehr schnell wieder geschlossen sein. Sie sollten sich vorher überlegen, welche Vorteile, welchen Nutzen der Lieferant durch diese Maßnahme hat. Zum Beispiel

- kann er durch die Prozessoptimierung Kosten senken;
- macht ihn die Kostensenkung wettbewerbsfähiger;
- kann er durch die gesteigerte Wettbewerbsfähigkeit mehr Aufträge bekommen.

Natürlich sollten Sie ihm auch die Marktsituation bewusst machen. Herrscht allgemeiner Kostendruck seitens Ihrer Kunden, müssen Sie diesen Druck auch an Ihre Lieferanten weitergeben. Nur wenn beide an einem Strang ziehen, können beide auch langfristig gemeinsam Erfolg haben. Diese Argumentation funktioniert fast immer."

„Das ist interessant", meldete sich der junge Mann zu Wort. „Können wir noch tiefer in dieses Thema einsteigen?"

„Wir kommen darauf später zurück bei der Verhandlungsführung. Lassen Sie uns jetzt erst die Prozessoptimierung abschließen.

Wenn Sie am Telefon die Tür für das Kick-off-Meeting geöffnet haben, dann hat dieses Treffen folgenden Inhalt:

- Präsentation: Sinn und Ablauf eines KVP-Workshops
- Betriebsbesichtigung
- Terminvereinbarung für Workshop

Das Kick-off-Meeting dauert, je nach Unternehmensgröße, etwa einen halben Tag. Bei der Betriebsbesichtigung ist entscheidend, dass Sie sich auf den Herstellungsprozess Ihrer Produkte konzentrieren. Natürlich ist ein Überblick über das gesamte Unternehmen interessant, doch kommen Sie schnell zurück auf Ihr Thema: Sie wollen die Kosten für die Herstellung Ihrer Produkte senken. Also vergeuden Sie keine Zeit in anderen Abteilungen."

„Was sind Verschwendungen?", wollte der junge Mann wissen.

„Im Vergleich zur Rationalisierung geht es bei einem KVP-Workshop auch darum, das Umfeld zu betrachten. Denn dort findet man die typischen Verschwendungsarten."

Herr Konrad wechselte zu folgendem Chart(siehe S. 94).

Herr Konrad erklärte: „Umlaufbestände sind Wareneingangslager, die Zwischenlager oder auch Puffer genannt, und das Versandlager. Wir haben Unternehmen gesehen mit mehr als zehn Lagerplätzen. Können Sie sich vorstellen, welcher Aufwand nötig ist, diese Mengen zu bewegen, ganz abgesehen von der immensen Kapitalbindung?"

„Und die Aufgabe lautet dann, diese Bestände zu reduzieren?", fragte Herr Leopold.

Verschwendung im Prozess

Umlaufbestände (Wareneingangslager, Puffer, Versandlager)
→benötigen Platz/verursachen Suchen/verdecken Probleme

Überproduktion (mehr produzieren, als Bedarf besteht)
→blockiert Kapazitäten, erzeugt Bestände

Wartezeiten (Warten auf Material, Prozessschritt, Prüfungen)
→blockieren Kapazitäten, erzeugen Bestände

Reparatur/Wartung/Umrüsten von Maschinen und Werkzeugen
→blockiert Kapazitäten, erzeugt Bestände

Transport (Transport von Material zwischen den Prozessschritten)
→verursacht Kosten, Beschädigung, Suchen

Bewegung/Handling (unnötige Bewegungen des Bedienpersonals)
→kostet Zeit und Geld

Fehlerhafte Teile (Ausschuss)

„Genau. Die zweite Verschwendungsart ‚Überproduktion' ist eine Ursache für die hohen Bestände. Denn um möglichst wenig von einem Werkzeug auf das andere Werkzeug wechseln zu müssen, mit dem Ziel, die Rüstkosten zu sparen, fahren die Unternehmen oft hohe Losgrößen. Die Ware, die zu viel produziert wurde, wird zwischengelagert. Sicher, manchmal lässt sich das nicht vermeiden. Doch der KVP-Workshop schaut auch darauf und versucht Lösungen zu finden. In diesem Fall könnte die Lösung lauten, die Rüstzeiten zu reduzieren. Zur nächsten Verschwendungsart ‚Wartezeiten' zählt auch die Rüstzeit, denn wenn die Maschine steht, weil auf ein anderes Werkzeug umgerüstet wird, dann ist das eine Verschwendung. Gleiches gilt für Wartezeiten aufgrund von Wartung oder Reparatur der Anlage.

Haben Sie schon erlebt, wie die Halbzeuge in einem Unternehmen hin und her transportiert werden? Es geht um die Verschwendungsart ‚Transport'. Anstatt die Maschinen möglichst nah hintereinander aufzubauen, werden die Teile mit Kran, Stapler und Hubwagen quer durch die ganze Halle gefahren. Das Gegenteil dieser sogenannten Segmentfertigung ist die Fließ-

oder Inselfertigung, welche die Japaner bereits in den siebziger Jahren eingeführt haben. Die Maschinen stehen nebeneinander, sind verkettet, der Transport erfolgt automatisch ohne Zwischenlagerung.

Bei der vorletzten Verschwendungsart geht es um unnötige Bewegungen des Bedienpersonals. Es wird die Frage gestellt, wie oft das Produkt in die Hand genommen wird. Typisches Beispiel ist das manuelle Einlegen von Bauteilen in eine Maschine. Es wird geprüft, ob stattdessen eine automatische Zuführung durch ein Teilemagazin möglich wäre.

Als letzte Verschwendungsart werden fehlerhafte Teile genannt. Hier hat die Qualitätssicherung mit der Zertifizierung der Unternehmen in den letzten Jahren viel gebracht. Trotzdem gibt es immer wieder Schwierigkeiten aufgrund fehlerhafter Teile. Auch in diesem Fall versucht der KVP-Workshop Lösungsmöglichkeiten zu finden.

Für alle Verschwendungsarten gilt, dass sie keinen Wertzuwachs bringen. Im Folgenden sehen Sie das anhand eines Schaubildes."

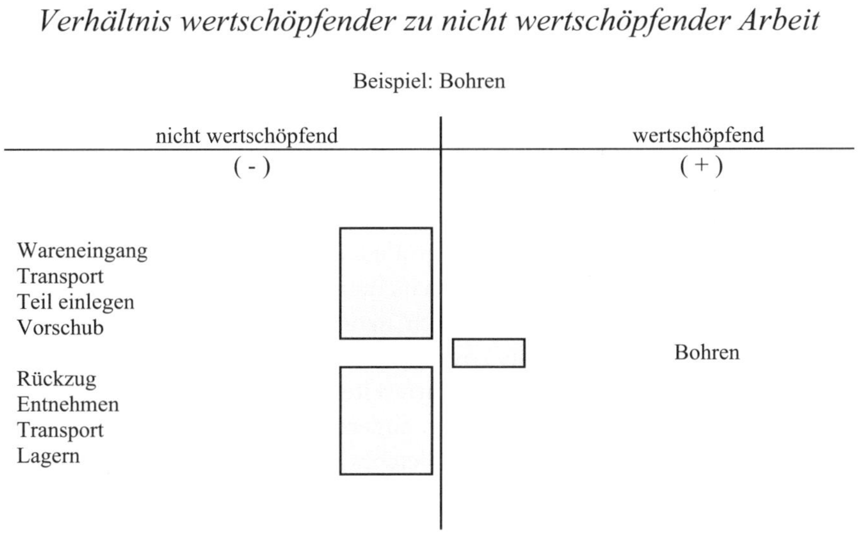

Verhältnis wertschöpfender zu nicht wertschöpfender Arbeit

Beispiel: Bohren

nicht wertschöpfend (-)		wertschöpfend (+)
Wareneingang Transport Teil einlegen Vorschub		
		Bohren
Rückzug Entnehmen Transport Lagern		

Abbildung 20: Unterschied wertschöpfender zu nicht wertschöpfender Arbeit

„Wie Sie sehen, macht die wertschöpfende Arbeit, in diesem Beispiel das Bohren, nur einen geringen Teil des gesamten Prozesses aus.

Ziel des Workshops ist es, die nicht wertschöpfende Arbeit oder nennen Sie es die Verschwendung aufzudecken und dann gemeinsam zu reduzieren. Auf dem folgenden Blatt sehen Sie typische Maßnahmen zur Kostenreduzierung innerhalb eines KVP-Workshops. Es dient als gute Hilfestellung bei zukünftigen Projekten."

Herr Konrad wechselte zu folgendem Chart:

Beispiele für Kostenreduzierungen im KVP-Workshop

- Mehrwegverpackung anstatt Einwegverpackung
- Reduzierung der Vormaterialpreise und Gemeinkosten
- Einkaufskooperation bilden
- Standardisierung des Vormaterials in Fixgrößen
- Reduzierung der Rüstzeiten und Einstellverschnitt
- Arbeitsabläufe optimieren durch Verkettung von Prozessen
- Fließfertigung (Inselfertigung) anstatt Segmentfertigung
- Taktzeitreduzierung
- Entsorgungskosten reduzieren
- Vermeiden von Umpacken durch einheitliche Transportbehälter
- Direkteinlagerung in Kundenverpackung
- Frachtoptimierung durch Transportkombination
- Wegfall von Arbeitsgängen durch Entfeinerung der Toleranzen
- Prüfung einer Modularisierung – kann der Lieferant Teilprozesse des Kunden übernehmen?
- Produktwertanalyse
- Ausschuss reduzieren
- Materialdirektbestellung am nächsten Fertigungsschritt
- Output erhöhen durch Mehrfachwerkzeuge
- automatisches Materialzuführen und Auswerfen
- ergonomische Verbesserungen für einfacheres Handling
- Flächenreduzierung durch Coil-Hängesysteme

„Haben Sie Fragen?"
Herr Leopold las in Ruhe die Aufstellung durch und sagte dann: „Mit vielen der genannten Methoden kann ich leider nichts anfangen."

„Das ist ganz normal", meinte Herr Konrad, „am Anfang sieht das ziemlich kompliziert aus. Aber das ist halb so schlimm, denn Sie haben ja Ihren Fachmann aus der Technik dabei. Wenn Sie ihm und den Mitarbeitern des Lieferanten aufmerksam zuhören und Fragen stellen, werden Sie bald den Hintergrund der Methoden verstehen. Sie lernen umso schneller, je öfter Sie an einem Workshop teilnehmen."

„Bei uns gibt es solche Workshops noch nicht", sagte Herr Leopold mit etwas enttäuschter Stimme.

Der Einkaufsleiter lächelte und sagte: „In vierzehn Tagen fahren wir wieder zu einem Lieferanten. Was halten Sie davon, wenn Sie mitkommen?"

„Oh, das wäre prima. Das Angebot nehme ich gerne an!"

„Haben Sie noch weitere Fragen zu diesem Thema?", wollte Herr Konrad wissen.

„Ja. Wie lange dauert ein Workshop?"

„In der Regel zwei Tage. Bei einer sehr großen Fertigung können es auch drei Tage sein."

„Und wer nimmt von Lieferantenseite daran teil?"

„Grundsätzlich sollte der Fertigungsleiter und für den jeweiligen Fertigungs-abschnitt ein Meister im Team sein. Meistens nimmt auch der zuständige Verkäufer daran teil, weil er damit rechnet, dass es letztlich ums Geld geht. Je nach Größe des Unternehmens schwankt die Teilnehmerzahl zwischen zwei und fünf Personen, wobei nicht alle Teilnehmer ständig anwesend sein müssen. Sie werden nach Bedarf herangezogen."

„Wie wird das Ergebnis eines Workshops festgehalten?", fragte Herr Leopold.

„Da nicht alle Verbesserungsvorschläge sofort umgesetzt werden können, ist es wichtig, einen Maßnahmenkatalog zu erstellen. In diesem werden die Verbesserungspunkte, die notwendigen Schritte, der Verantwortliche und der Umsetzungstermin eingetragen. Es ist absolut notwendig, diesen Maß-nahmenkatalog zu führen, damit die Teilnehmer auch noch nach Wochen nachvollziehen können, was im Workshop vereinbart wurde. Hier sehen Sie ein Beispiel eines solchen Kataloges und eine Übersicht über den Ablauf eines Zwei-Tage-Workshops."

AKTIONENKATALOG

Lieferant:

Projekt:

Blatt   von

Zeitraum:

Nr.	Verbesserungspunkt	Nr.	Erforderliche Maßnahmen	Verantwortlich	Termin

Abbildung 21: Aktionenkatalog

Ablauf eines Workshops

1. Tag: – Präsentation, Vorstellung der Teilnehmer
– Werksrundgang
– Brainstorming Verbesserungsvorschläge
– Umsetzung im Team

2. Tag: – Tagesziele setzen
– wenn möglich Direktumsetzung: try/test
– Aktionenkatalog erstellen
– Präsentation der Ergebnisse

„Und nach Abschluss des Workshops folgt das technische und kaufmännische Nachgespräch?", fragte der junge Mann.

„Ja, etwa vier Wochen nach dem Workshop trifft man sich nochmals beim Lieferanten, um den Status der Aktivitäten zu prüfen. Es wird gefragt: Was wurde umgesetzt? Was wurde nicht umgesetzt? Warum wurde es nicht umgesetzt? Was ist zu tun, damit es doch noch umgesetzt werden kann? Welche weiteren Möglichkeiten zur Verbesserung wurden aufgedeckt? Und so weiter. Eigentlich ist dieses Treffen eine Kontrolle der Aktivitäten. Wurde seitens des Lieferanten nichts umgesetzt oder nur halbherzig gearbeitet, dann wird ihm nochmals die Wichtigkeit dieses Projektes klargemacht. Schließlich folgt etwa einen Monat später das kaufmännische Abschlussgespräch."

„Und da geht es zur Sache", warf Herr Leopold ein.

„Das ist für uns Einkäufer der wichtigste Schritt. Hier sind wir am Zug, durch geschicktes Verhandeln die potenziellen Einsparungen in Preisreduzierungen umzusetzen. Das ist nicht immer leicht, da verständlicherweise der Lieferant versucht, seinen ‚Schaden' zu begrenzen. Doch unsere Erfahrung zeigt, dass die meisten Lieferanten zu Kompromissen bereit sind, denn sie erkennen den Wert der geleisteten Arbeit: Es geht bei einem Workshop nicht um primitives Preisedrücken, sondern um gemeinsames Kostenreduzieren – ein wesentlicher Unterschied."

„Wie werden die Einsparungen aufgeteilt?"

„Jedes Unternehmen hat da seine eigene Philosophie. Manche teilen sich die Einsparung. Wir sind der Ansicht, dass wir Anspruch auf die gesamte Einsparung für unsere Produkte haben. Wenn der Lieferant schlau ist, wird er die Erkenntnisse aus dem Workshop auch in anderen Bereichen für andere Kunden umsetzen. Dort hat er den Vorteil für sich alleine."

„Ist es für den Lieferanten nicht ein unangenehmes Gefühl, wenn der Kunde sich in firmeninterne Dinge einmischt?", fragte Herr Leopold nachdenklich. „Schließlich hat er bestimmt nicht die letzten Jahre geschlafen, sondern bereits selbst viele Verbesserungen eingeführt."

„Natürlich hat er das getan", antwortete Herr Konrad. „Und es ist auch ganz wichtig, dass wir als Kunde das immer wieder hervorheben. Wir sehen uns nicht als eine Art Lehrer, der von oben herab dem Lieferanten irgendwelche Fehler aufzeigen möchte. Nein, wir sehen uns als ein Team aus Mitarbeitern, die gemeinsam versuchen, die Wettbewerbsfähigkeit ihrer Unternehmen auszubauen, um langfristig erfolgreich zu sein. Haben Sie noch Fragen?"

„Im Moment nicht. Das war alles sehr interessant."

„Ich schlage, vor, dass wir uns nächste Woche zur gleichen Zeit wieder treffen. Dann unterhalten wir uns über Verhandlungsführung im Einkauf. Haben Sie Interesse?"

Begeistert rief Herr Leopold: „Und ob ich Interesse habe!" Der junge Mann bedankte sich und verließ gut gelaunt das Unternehmen.

Die Ideen auf den Punkt gebracht

- Der Einkauf trägt erheblich zum Erfolg des Unternehmens bei.
- Eine Reduzierung der Materialkosten kann eine Gewinnverdopplung zur Folge haben.
- Die Aufgabe des Einkaufes ist es, Produkte und Dienstleistungen in der geforderten Menge und Qualität zum richtigen Termin zu optimalen Preisen einzukaufen.
- Schaffen Sie Synergieeffekte, indem Sie trennen in einen operativen Einkauf und einen strategischen Einkauf.
- Ab einer bestimmten Größe macht ein Projekteinkauf Sinn.
- Sorgen Sie dafür, dass alles, was im Unternehmen beschafft wird, zentral über den Einkauf abgewickelt wird. Das schafft Transparenz. Während die Preishoheit im Einkauf liegt, kann die Disposition auch von anderen Abteilungen erfolgen. Ausnahme bilden Kleinstbeträge.

- Insbesondere bei C-Artikeln macht es Sinn, die Bestellung durch die Kostenstellen ausführen zu lassen.
- Dezentrale Beschaffung macht bei Unternehmen mit mehreren Standorten Sinn, wenn es sich um Produkte handelt, die ausschließlich für einen Standort bestimmt sind. Bei Gleichteilen sollten die Rahmenverträge zentral beziehungsweise durch einen Lead Buyer innerhalb eines Materialgruppenmanagements vereinbart werden.
- Lernen Sie, Entrepreneur zu sein: Denken Sie wie ein Unternehmer!
- Global Sourcing stellt ein wesentliches Werkzeug zur Preisreduzierung dar. Nur wenn Sie die Marktpreise Ihrer Produkte kennen, wissen Sie, wo sich das Verhandlungsziel befindet.
- Damit Sie Prioritäten setzen können, brauchen Sie eine ABC-Analyse.
- Machen Sie Paketanfragen, die verschiedene Artikel einer Materialgruppe enthalten. Nicht der Einzelpreis entscheidet, sondern der Paketpreis.
- Nutzen Sie für die Lieferantensuche Quellen wie Messekataloge, Lieferantenverzeichnisse im Internet, Handelskammern und deren ausländische Vertretungen.
- Bauen Sie Ihre Fremdsprachenkenntnisse aus. Bevor Sie sich verzetteln, konzentrieren Sie sich auf Englisch.
- Verschicken Sie zuerst nur eine Broschüre mit Fotos der zu beschaffenden Produkte und einen Fragebogen.
- Bilden Sie ein Beschaffungsteam und teilen Sie sich durch Eingrenzung in Bezirke die Arbeit.
- Wählen Sie Ihre Lieferanten nach Qualität, Service und Preis aus.
- Ehe Sie Ihren Lieferanten wechseln, sollten Sie gemeinsam mit dem aktuellen Lieferanten nach Lösungsmöglichkeiten schauen.
- Wenn Sie zu einem neuen Lieferanten wechseln, dann sollte dieser zunächst nur als Zweitlieferant genutzt werden, nämlich so lange, bis er Qualität und Lieferservice garantieren kann.
- Der Rahmenvertrag ist einem klassischen Mengenkontrakt immer vorzuziehen, wenn er folgende Bedingungen enthält: eine begrenzte Abnahmeverpflichtung, die Wettbewerbsklausel und die Langzeitvereinbarung bei mehrjährigen Verträgen.
- Haben Sie Einwände gegen zu strenge Zahlungskonditionen? Dann vergleichen Sie einmal mit dem Handel!

- Gewinnen Sie Zeit in der Disposition, indem Sie auf Einzelbestellungen verzichten und stattdessen einen Abrufplan nutzen.
- Die Preisanalyse ist ein wertvolles Instrument, um einen Kostenvergleich anzustellen.
- Möglichkeiten, die Anzahl an Lieferanten zu reduzieren, sind: die Standardisierung von Teilen, der Paketlieferant, der Systemlieferant und E-Procurement.
- Es gibt Full-Service-Dienstleister, die die komplette C-Artikel-Beschaffung für Sie über das Internet abwickeln.
- Es ist empfehlenswert, auf Ihrer Firmen-Homepage einen Link zum Einkauf zu haben.
- Advanced Purchasing hat das Ziel, durch einen vorgezogenen Einkauf wettbewerbsfähige Preise bei Neuteilen sicherzustellen.
- Produktwertanalyse bedeutet, bei einer geforderten Qualität das Produkt kostenoptimal zu gestalten.
- In der Prozesswertanalyse (= KVP-Workshop) wird unter anderem der Herstellungsprozess unter die Lupe genommen. Ziel ist es, die eingesparten Kosten in Preisreduzierungen umzusetzen.

3. Das zweite Treffen: Verhandlungs-führung und Selbstmanagement

Leitfaden für die Vorbereitung auf Verhandlungen

„Na, wie geht es Ihnen?", begrüßte Herr Konrad den jungen Mann.

„Danke, gut! Ich habe meinen Kollegen von unserem Treffen erzählt. Durchweg alle waren begeistert."

„Und wie nahm Ihr Einkaufsleiter das auf?"

„Ganz gut. Sicher war er zunächst etwas erstaunt, dass ich mir Informationen von anderer Stelle holte. Doch nachdem ich ihm mehr Details erzählte, erkannte er den Wert für mich und unser Unternehmen. Er gab mir sogar für heute frei. Allerdings unter der Bedingung, dass ich ihm eine Kopie meiner Notizen gebe."

„Das ist gut. Wir beide haben keine Geheimnisse. Sie können gerne Ihre Notizen an interessierte Kollegen und Ihren Chef weiterreichen."

Nachdem Herr Leopold noch eine Weile von seinen Erfahrungen mit der Umsetzung erster Verbesserungsmaßnahmen berichtet hatte, wendeten sich die beiden dem neuen Thema zu.

Definieren Sie Ihr Verhandlungsziel!

„Erzählen Sie mir, junger Mann, wie Sie sich auf eine Verhandlung vorberei-ten. Stellen wir uns vor, Sie hätten für nächste Woche einen Termin mit einem Ihrer Hauptlieferanten ausgemacht. Thema ist die jährliche Preisver-handlungsrunde."

Ohne lange zu überlegen, antwortete Herr Leopold: „Zunächst sammle ich alle Informationen über die Geschäftsbeziehung mit diesem Lieferanten: Umsatzentwicklung, Preisentwicklung, Qualitäts- und Lieferprobleme. Au-ßerdem versuche ich Wettbewerbsangebote einzuholen."

„Sehr gut", lobte Herr Konrad. „Hier noch einmal eine Zusammenfassung der fachlichen Vorbereitung:

- Erstellen Sie eine ABC-Analyse der bezogenen Artikel mit Jahresmengen, Preisen und Umsätzen der letzten drei Jahre, die Anzahl der Lieferungen und Konditionen sowie die Planzahlen für das laufende Jahr.
- Informieren Sie sich bei Ihrem Vertrieb über neue Projekte.
- Prüfen Sie die Preisentwicklung von Rohstoffen und für in Dollar bewertete Materialien das Euro/Dollar-Verhältnis.
- Holen Sie Wettbewerbsangebote rechtzeitig ein. Am besten führen Sie eine Paketanfrage in Form eines Global Sourcing durch.
- Stellen Sie fest, ob es Qualitäts- und Lieferprobleme gab.
- Holen Sie eine Kreditauskunft ein, insbesondere wenn es sich um neue Lieferanten handelt.
- Legen Sie einen Fragebogen zur Erfassung der Unternehmensdaten bereit.

Herr Konrad fuhr fort: „Was ist noch wichtig in der Vorbereitung auf die Verhandlung?"

„Ich mache mir Gedanken, mit welchen Argumenten ich die Einwände des Lieferanten entkräften kann."

„Ja, das auch, doch was steht an erster Stelle nach der fachlichen Vorbereitung?" Herr Konrad ließ nicht locker. „Sie müssen sich ein Ziel setzen! Denn nur wenn Sie ein konkretes Ziel haben, werden Sie das Optimum erreichen können. Solange Sie ohne Ziel in die Verhandlung gehen, nach dem Motto ‚Mal schauen, ich versuche das Beste herauszuholen', wird die Verhandlung planlos verlaufen.

Der Einkaufsleiter ging zum Flipchart und zeichnete folgendes Bild an die Tafel (vgl. Abbildung 22).

Herr Konrad erklärte: „Es gibt einen alten Spruch, und der lautet ‚Der Weg ist das Ziel', doch ich ergänze: ‚Zuerst muss ich ein Ziel haben, damit ich weiß, wo mich mein Weg hinführt'.

Es ist wie ein Kapitän auf einem Schiff: Zuerst muss er wissen, wohin er fährt, dann leitet er die notwendigen Schritte ein und legt den Kurs fest.

Also bestimmen auch Sie zuerst das Ziel der Verhandlung, ehe Sie den Kurs festlegen. Was sind denn typische Einkaufsziele?"

Der junge Mann überlegte kurz und meinte dann: „Typische Ziele für die Verhandlung könnten sein: eine Preisreduzierung, eine Verbesserung der Konditionen oder auch die Verbesserung des Lieferservices."

Setzen Sie sich ein Ziel, bevor Sie starten!

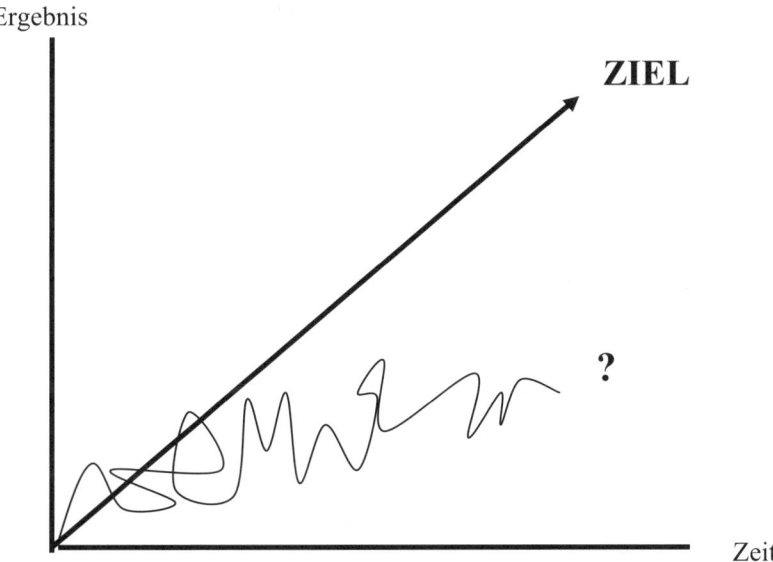

Abbildung 22: Setzen Sie sich ein Ziel, bevor Sie starten!

„Genau. Und jetzt ist es wichtig, dass Sie Ihre Ziele richtig formulieren. Es gilt, folgende Grundsätze zu beachten:

Ein Ziel soll

- herausfordernd und doch noch erreichbar sein,
- in der Gegenwart, positiv und konkret formuliert sein und
- bildlich vorstellbar sein.

Wenn Sie sich ein Ziel setzen, sollte das dann möglichst einfach zu erreichen sein?", fragte der Einkaufsleiter.
„Nein, das wäre ja langweilig."
„Das sehe ich genauso. Damit das Ziel eine echte Herausforderung darstellt, sollten Sie es so hoch ansetzen, dass es gerade noch erreichbar ist.

Auf der anderen Seite darf das Ziel nicht zu hoch gesteckt sein, ansonsten werden Sie permanent enttäuscht, wenn Sie es nicht erreichen. Sie sollten für sich selbst das Optimum finden.

Nehmen wir das Beispiel einer Preisreduzierung. Stellen Sie sich einmal den Lieferanten vor, der als Nächstes zu Ihnen kommt. Was könnten Sie sich zutrauen, bei ihm zu erreichen?"

Herr Leopold versank für einen Moment in seinen Gedanken und suchte nach einem bevorstehenden Gespräch. Plötzlich meinte er siegessicher: „Das ist kein einfacher Zeitgenosse, der in zwei Wochen kommt. Trotzdem kann ich mir bei ihm für diese Jahresrunde eine Preisreduzierung von 2 % durchaus vorstellen."

„Können Sie sich vorstellen, mehr als 2 % zu erreichen?", fragte Herr Konrad. Ohne ihm die Möglichkeit einer Antwort zu geben, forderte er den jungen Mann auf: „Stehen Sie auf. Ich möchte Ihnen etwas zeigen."

Herr Leopold stand etwas verwundert von seinem Stuhl auf. Der Einkaufsleiter kam auf ihn zu und sagte: „Stellen Sie sich jetzt mit beiden Füßen fest auf den Boden. Strecken Sie Ihren rechten Arm und den rechten Zeigefinger vor sich aus. Drehen Sie sich jetzt nach links, so weit Sie können, ohne die Füße mitzudrehen. Wenn es nicht mehr weiter geht und ein leichter Schmerz in der Hüfte entsteht, merken Sie sich den Punkt an der Wand, da wo Ihr Zeigefinger hindeutet."

Der junge Mann führte die Übung aus, wie ihm gesagt wurde.

„Jetzt können Sie sich wieder zurückdrehen und den Arm herunternehmen. Schließen Sie jetzt die Augen. Stellen Sie sich vor, Sie sehen in Ihrer Phantasie die Stelle an der Wand, wo soeben Ihr Finger hingezeigt hat. Sehen Sie die Stelle?"

„Ja."

„Stellen Sie sich nun vor, dass Ihr Finger auf eine Stelle zeigt, die sich viel weiter links befindet. Haben Sie sie?"

Herr Leopold nickte.

„Strecken Sie jetzt, bei geschlossenen Augen, wieder den rechten Arm und den Zeigefinger aus und drehen Sie sich nach links, so weit Sie können. Wenn Sie am Ende angekommen sind, öffnen Sie Ihre Augen und schauen einmal, wo Ihr Zeigefinger jetzt hinzeigt."

Der junge Mann führte den zweiten Teil der Übung aus. Als er sich bis zum Schmerzpunkt nach links gedreht hatte, öffnete er die Augen und war sprachlos. Sein Zeigefinger deutete auf eine Stelle an der Wand, die mindestens 20 Zentimeter hinter der alten Stelle lag!

„Das gibt es doch nicht!", rief er aufgeregt.

Herr Konrad lachte und klärte den jungen Mann auf. „Das, was Sie soeben gemacht haben, nennt man die ‚Ideomotorische Bewegung' nach Pawlow. Es wurde festgestellt, dass das, was wir uns vorstellen, in unserem Unterbewusstsein abgespeichert wird. Komme ich dann später ins Handeln, versucht mein Körper das Abgespeicherte unbewusst umzusetzen."

„Ich bin sprachlos", sagte Herr Leopold, der immer noch beeindruckt von dieser Erkenntnis war.

„Was will Ihnen diese Übung sagen?", erklärte der Einkaufsleiter. „Es bedeutet, dass Sie in Ihrem Leben mehr erreichen können, als Sie bisher vielleicht gedacht haben.

Wenn Sie diese Erkenntnis auf Ihren Beruf als Einkäufer übertragen, dann könnten Sie Ihr Ziel nochmals überprüfen. Vielleicht trauen Sie sich jetzt mehr als 2 % bei diesem Lieferanten zu.

Das zweite Kriterium für die Zielsetzung ist die richtige Formulierung. Damit Sie sich wirklich mit Ihrem Ziel identifizieren, sollten Sie darauf achten, dass es in der Gegenwart, positiv und konkret formuliert ist.

Anstatt ‚Ich *werde* versuchen, 2 % die Preise zu reduzieren' sagen Sie besser: ‚Ich reduziere die Preise um 2 %' oder ‚Ich schaffe es, die Preise um 2 % zu reduzieren'. Das ist Gegenwartsform. In Untersuchungen wurde festgestellt, dass bei dieser Formulierung die Motivation am größten ist.

Mit ‚positiv' ist gemeint, dass Sie darauf achten, dass kein ‚nicht' in der Formulierung vorkommt. Was damit gemeint ist, zeige ich Ihnen am besten anhand eines Beispiels: Stellen Sie sich jetzt bitte *nicht* vor, ich wiederhole: Bitte stellen Sie sich *nicht* vor, dass die Tür aufgeht, eine lila Kuh hereinkommt, um uns herumgeht und dann aus dem geöffneten Fenster fliegt. Haben Sie die Kuh jetzt nicht wahrgenommen?"

Herr Leopold schmunzelte. Natürlich hatte er die Kuh wahrgenommen, obwohl der Einkaufsleiter ausdrücklich „nicht" gesagt hatte.

„Verstehen Sie, was ich meine?", fragte Herr Konrad und ergänzte: „Wenn Sie Ihr Ziel formulieren: ‚Ich möchte nicht, dass der Lieferant eine Preiserhöhung durchsetzt', dann programmieren Sie Ihr Unbewusstes eigentlich mit: ‚Ich möchte, dass der Lieferant eine Preiserhöhung durchsetzt.' Denn für das

Unterbewusstsein gibt es kein ‚nicht'. Also achten Sie auf eine positive Formulierung."

Herr Leopold fing plötzlich zu lachen an und sagte: „Jetzt verstehe ich, warum der Kundendienst für unser neues Kopiergerät bereits zwei Tage nach der Installation wieder kommen musste. Der Mann, der das Gerät lieferte, erklärte vor einem Teil der Verwaltungsmitarbeiter, dass bestimmte Schalter auf der Rückseite des Gerätes *nicht* berührt werden dürften. Bereits nach einem Tag hatte jemand daran herumgespielt. Hätte der Mann vom Kundendienst besser nichts von diesen Schaltern gesagt."

Herr Konrad lachte. Es gibt immer wieder Beispiele, die zeigen, dass etwas Wahres daran sein muss.

„Weiterhin ist bei der Zieldefinierung zu beachten, dass Ihr Ziel konkret formuliert ist. Zu sagen ‚Es wäre schön, wenn ich vielleicht eine hohe Preisreduzierung erziele' ist nichts weiter als eine vage Wunschvorstellung. Das hat nichts mit einem Ziel zu tun! Formulieren Sie es konkret, mit Zahlen und einem realistischen Termin, zum Beispiel: ‚Ich reduziere die Preise bei Lieferant X um 2 % bis spätestens TT.MM.JJ.' Das ist ein konkret formuliertes Ziel. Haben Sie Fragen?"

„Mein Verstand tut sich schwer damit, aber ich glaube, Sie haben recht."

„Wir sind noch nicht fertig, junger Mann. Jetzt kommen wir zu einem entscheidenden Thema bei der Zielsetzung: Wenn Sie Ihr Ziel richtig formuliert haben, brauchen Sie jetzt eine Vision des erwünschten Endzustandes. Das hat nichts mit Hellsehen oder Ähnlichem zu tun, sondern bedeutet lediglich, dass Sie sich das Ergebnis, wenn Sie Ihr Ziel erreicht haben, vorstellen können. So, wie Sie sich vorhin den Zeigefinger an der neuen Stelle der Wand vorgestellt haben."

„Das machen doch auch viele Hochleistungssportler", warf der junge Mann spontan ein. „Bevor sie ihre sportliche Tätigkeit ausüben, durchleben sie auch in der Vorstellung den Bewegungsablauf."

„Sie haben es erfasst", freute sich Herr Konrad. „Genau darum geht es. Bevor sich die Sportler jedoch den Bewegungsablauf vorstellen, haben sie zuerst ein Bild ihres Ziels. Und das sollten Sie auch haben, bevor Sie in die Verhandlung gehen."

„Ich stelle mir also vor, wie der Lieferant mir zum Abschluss der Verhandlung zunickt und sagt, dass er die Preisreduzierung akzeptiert? Das ist ganz schön schwer."

„Übung macht den Meister. Diese Zielprogrammierung ist wie ein Magnet. Sie werden feststellen, dass Ihre Ergebnisse noch besser werden, denn Sie gehen mit einer anderen Einstellung und Motivation an die Sache heran. Probieren Sie es aus!"

„Und was ist, wenn ich mein Ziel doch nicht erreiche?", wollte Herr Leopold wissen.

„Dann haben Sie entweder Ihr Ziel zu hoch oder den Termin für die Erreichung zu nah gesetzt. Es ist durchaus möglich, dass Sie das Ziel nicht sofort in der ersten Verhandlung erreichen. Vielleicht sind verschiedene Maßnahmen notwendig, die mehr Zeit benötigen. Sicher ist, dass Ihre Ergebnisse durch eine bewusste Zielsetzung verbessert werden. Und das ist doch entscheidend, oder?"

„Da haben Sie recht."

Der junge Mann war ganz in sich gekehrt. Solche Themen hatten ihn schon immer fasziniert. Dass man damit sogar sein Tagesgeschäft beeinflussen kann, daran hatte er bisher nicht gedacht.

Nach einer Weile sagte Herr Konrad: „Wir haben das Thema ‚Ziele‘ sehr ausführlich behandelt. Es ist für mich eine der wichtigsten Voraussetzungen für Erfolg, sowohl im privaten Bereich als auch im Berufsleben."

Der Einkaufsleiter blätterte um zum nächsten Schaubild.

Leitfaden für die Vorbereitung auf Verhandlungen

1   Sammeln Sie Informationen: u.a. Wettbewerbsangebote, Preis- und Umsatzentwicklung, Rohstoffpreisentwicklung, Liefer- und Qualitätsprobleme, Bonitätsauskunft.
2   Definieren Sie Ihr Verhandlungsziel: herausfordernd und doch erreichbar! Machen Sie sich ein klares Bild und formulieren Sie Ihr Ziel konkret. Nennen Sie dem Gesprächspartner ein höheres Ziel.
3   Welche Ziele und Einwände könnte Ihr Gegenüber haben? Versetzen Sie sich in die Rolle des Lieferanten.
4   Mit welchen Argumenten könnten Sie die andere Partei überzeugen und deren Einwände entkräften? Welchen Nutzen hat der Lieferant?
5   Wie könnten Sie den Nutzen sinnesspezifisch verkaufen?
6   Wie sind die Machtverhältnisse?
7   Wie wichtig ist der Zeitfaktor für Sie? Wie wichtig ist der Zeitfaktor für die andere Partei?
8   Was sind mögliche Kompromisspunkte? Was sind Sie bereit zu geben, um zu erreichen, was Sie wollen? Unter welchen Bedingungen?
9   Legen Sie Ihre Strategie fest und machen Sie sich mit den Taktiken vertraut.
10 Prüfen Sie Ihre Einstellung.

Herr Konrad erklärte: „Hier sehen Sie einen Zehn-Punkte-Plan für die Vorbereitung von Verhandlungen, wie wir ihn nutzen. Die ersten beiden Punkte haben wir fast abgeschlossen. Was noch zu erwähnen ist: dass Sie sich immer zwei Ziele setzen, nämlich ein höheres Ziel, das Sie dem Lieferanten nennen, und ein zweites Ziel, mit dem Sie sich zufriedengeben.

Es ist ganz klar, dass Sie das Ziel, das Sie dem Lieferanten sagen, kaum erreichen können, denn Ihr Gesprächspartner versucht auch seine Wünsche durchzusetzen, beziehungsweise seinen ‚Schaden' zu begrenzen. Geben Sie deswegen sich selbst und Ihrem Gesprächspartner einen Verhandlungsspielraum. Wie könnte der aussehen?"

Herr Leopold überlegte kurz und meinte dann: „Wenn ich 2 % Preisreduzierung erreichen möchte, dann bedeutet das, dass ich vom Lieferanten mindestens 4 % fordern muss."

„So ist es. Was glauben Sie, wie die Verkäufer kalkulieren, wenn sie die Preise erhöhen möchten? Genauso. Ist es deren Ziel, eine Preiserhöhung von 1 % zu erreichen, dann fangen sie bei 3 % oder höher an.

Es gibt dazu einen Spruch, der zeigt, wie alt eigentlich dieses Wissen ist."

Arabischer Spruch zum Preis

Sagt er „12"

meint er „10"

will er haben „8"

wird wert sein „6"

möchte ich geben „4"

werde ich sagen „2"

Welche Ziele und Einwände hat Ihr Gegenüber?

„Im dritten Punkt geht es darum", führte Herr Konrad weiter aus, „sich in die Person des anderen hineinzuversetzen. Das fällt uns Einkäufern eher schwer, da wir es gewohnt sind, nur durch unsere Brille zu schauen. Es hat sich jedoch gezeigt, dass es für die optimale Vorbereitung wichtig ist, sich darüber Gedanken zu machen, mit welchen Zielen und Einwänden, der Lieferant zum Gespräch kommt. Oder ist es Ihnen nicht auch schon so gegangen, dass der Lieferant zu Beginn des Treffens Sie plötzlich mit einem Thema konfrontiert, mit dem Sie nicht gerechnet haben?"

Herr Leopold nickte. „O ja, das ist mir auch schon passiert. Bevor ich überhaupt mit meinem Thema beginnen konnte, warf der Lieferant mir Dinge an den Kopf, beispielsweise was von Kundenseite aus in letzter Zeit alles schlecht gelaufen ist und welche Mehrkosten er dadurch hatte. Ganz zu schweigen von den anstehenden Lohnkostensteigerungen."

„Sie sehen, wie wichtig es ist, auf möglichst viele Themen vorbereitet zu sein. Damit Sie die Ziele und Bedürfnisse des Lieferanten besser herausfinden, sollten Sie sich mental in die Rolle des anderen versetzen. Stellen Sie sich vor, Sie wären der Lieferant, der demnächst zu Ihnen kommt. Wie würden Sie sich auf das Gespräch vorbereiten?"

„Diese Denkweise ist für mich neu", meinte der junge Mann.

„Probieren Sie es aus. Sie werden feststellen, dass Sie durch diese Übung mehr Ideen erhalten. Im NLP nennt man das auch die Ich-du-Metaposition."

„Was ist NLP?", wollte Herr Leopold wissen.

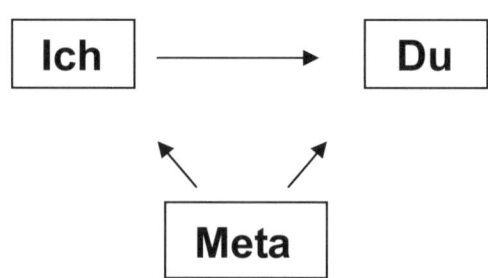

Abbildung 23: NLP

Neuro-Linguistisches Programmieren (NLP)

„NLP heißt ‚Neuro-Linguistisches Programmieren' und kommt aus den USA der siebziger Jahre. Damals untersuchten die beiden Wissenschaftler Richard Bandler und John Grinder die vermeintlich besten Psychotherapeuten der USA. Diese waren Fritz Perls und seine Gestalttherapie, Virginia Satir und ihre Familientherapie sowie der legendäre Milton Erickson und dessen Hypnosetherapie.

Bandler und Grinder beobachteten die drei Therapeuten über einen längeren Zeitraum, um herauszufinden, warum sie so erfolgreich waren. Die besten Therapieverfahren wurden gesammelt und schließlich in neuer Form als NLP angeboten. NLP ist somit vom Ursprung her ein Werkzeug, um Menschen zu helfen, ihre Probleme zu lösen.

Das hat zwar nichts direkt mit unserem Thema zu tun, doch können wir einige Dinge vom NLP lernen, wenn es um Menschenkenntnis und den mentalen Umgang mit Situationen geht.

Eine Erkenntnis ist die genannte Ich-du-Meta-Position. Wenn ich als Einkäufer in die Rolle des Lieferanten schlüpfe, um besser vorbereitet zu sein, dann gehe ich vom ‚Ich' ins ‚Du'. Ich löse mich von der Denkweise des Einkäufers und versetze mich ganz in die Denkweise eines Verkäufers. Dies fördert meine Kreativität und gibt mir Anhaltspunkte über mögliche Wünsche und Einwände des Lieferanten, an die ich sonst nicht gedacht hätte."

„Ich verstehe. Und was bedeutet ‚Meta'?", fragte Herr Leopold.

„Meta bedeutet, Außenstehender zu sein. Dies betrifft weniger die Vorbereitung auf Verhandlungen, sondern vielmehr die Nachbereitung. Jeder von uns hat schon einmal schlechte Erfahrungen in einer Verhandlung gemacht. Das Gespräch ist negativ verlaufen, wir konnten unser Ziel nicht annähernd erreichen. Um herauszufinden, was schiefgelaufen ist, hilft es, auf die sogenannte Metaposition zu gehen. Wir lassen quasi das Gespräch im Nachhinein Revue passieren. Das haben Sie bestimmt schon automatisch gemacht, wenn Sie mit jemandem Streit hatten, sei es Ihr Chef oder Ihr Partner: Sie erlebten im Nachhinein nochmals die Situation in allen Details und erkannten, was falsch gelaufen war. Es ist so, als ob jemand das Gespräch mit einer Kamera aufgezeichnet hätte und Sie jetzt den Film nochmals anschauen. Können Sie mir folgen?"

Herr Leopold überlegte eine Weile und sagte. „Ich erlebe so nochmals die Situation, sehe den Gesichtsausdruck des anderen und höre, was gesagt wurde."

„Genau. Und das, was manchmal automatisch bei uns abläuft, versuchen wir jetzt bewusst bei der Nachbereitung von Verhandlungen zu nutzen. Wir erkennen die Fehler, notieren uns diese in die Lieferantenkartei, und beim nächsten Mal, wenn der Lieferant wieder kommt, sind wir besser vorbereitet."

„Das heißt, Sie führen über jeden Lieferanten eine persönliche Kartei?"

„Natürlich. So wie jeder gute Verkäufer von Ihnen persönliche Daten gespeichert hat, so sollten Sie das auch tun. Machen Sie sich bewusst, junger Mann, die Verkäufer, auf die Sie treffen, bekommen dieses Wissen seit Jahren in Seminaren vermittelt. Im Durchschnitt werden Ihre Verhandlungspartner dreimal so oft wie Sie geschult. Es gilt, diese Lücke zu schließen!"

„Da hat er recht", dachte sich der junge Mann. „In unserem Unternehmen werden die Verkäufer mehrmals pro Jahr auf Fortbildungsseminare geschickt und wir Einkäufer fast gar nicht. Dabei sitzen wir diesen gut geschulten Leuten gegenüber und haben Verantwortung für die Hälfte aller unternehmerischen Kosten."

Der Einkaufsleiter fuhr fort: „Im Folgenden geht es um die Dialektik, die ,Lehre der Beweisführung' oder nennen Sie es ,Argumentation und Einwandbehandlung'.

Viele beginnen bei der Vorbereitung damit, eine Reihe von Argumenten für ihre Sache zu sammeln. Meine Erfahrung zeigt, dass es besser ist, nicht mit den eigenen Argumenten, sondern mit den Einwänden des Lieferanten zu beginnen, um sich dann gezielt darauf vorzubereiten.

Nehmen wir als Beispiel das Ziel, die Preise um durchschnittlich 2 % zu reduzieren. Anstatt Argumente zu sammeln, versetzen wir uns wieder in die Rolle des Lieferanten und fragen uns: ,Wenn ich Lieferant wäre und würde zur Jahresverhandlungsrunde eingeladen werden, mit was würde ich dann rechnen? Natürlich mit der Forderung des Kunden, wieder einmal die Preise nachzulassen. Da ich das nicht möchte, überlege ich mir, mit welchen Einwänden ich den Wunsch des Einkäufers zerrupfen kann.' Haben Sie Ideen, junger Mann, mit welchen Einwänden der Lieferant kommen könnte?"

Herr Leopold überlegte kurz und meinte dann: „Wenn ich Lieferant wäre, dann würde ich vermutlich sagen: Wir können nicht die Preise reduzieren, weil

- die Löhne gestiegen sind,
- die Preise für das Vormaterial gestiegen sind,
- die Entsorgungskosten gestiegen sind,
- wir schon die letzten Jahre die Preise gesenkt haben,
- wir hohe Qualitätsanforderungen haben,
- wir einen hervorragenden Lieferservice bieten,
- wir aus den genannten Gründen die Preise erhöhen müssen."

„Sehr gut", sagte der Einkaufsleiter. „Sie merken, wenn Sie sich in den Lieferanten versetzen, finden Sie schnell viele mögliche Einwände."

Mit welchen Argumenten können Sie die andere Partei überzeugen?

„Jetzt macht es Sinn, für die Einwände die Gegenargumente zu entwickeln. Was schlagen Sie vor?"

„Wenn ich Einwand eins, zwei und drei gemeinsam betrachte, dann würde ich vom Lieferanten verlangen, dass er mir die genauen Kostenanteile am Preis nennt. Es kann nicht sein, dass er sagt, er habe 5 % Kostensteigerung und deswegen hätte er Anspruch auf 5 % Preiserhöhung. Die Preiserhöhung kann maximal nur dem Verhältnis zu den effektiven Kostenerhöhungen entsprechen."

„Vorsicht!", unterbrach ihn Herr Konrad. „Sie haben vom Inhalt her recht, doch was passiert, wenn Sie so argumentieren? Sie gestehen dem Lieferanten eine Preiserhöhung zu! Doch das wollen Sie nicht. Sie wollen doch eine Preissenkung."

Herr Leopold erschrak. Das war ihm bisher nicht aufgefallen. Durch seine Formulierung hatte er dem Lieferanten zu verstehen gegeben, dass er eine Preiserhöhung akzeptierte!

„Sie sollten es anders tun", sagte der Einkaufsleiter und holte damit den jungen Mann aus seinen Gedanken zurück. Herr Konrad ging zum Flipchart und zeichnete folgendes Bild auf:

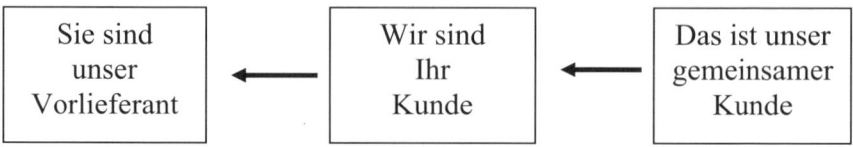

Abbildung 24: Supply Chain

Außerdem wechselte der Einkaufsleiter zu einem neuen Schaubild auf dem Bildschirm:

Abbildung 25: „Wir sitzen alle im selben Boot!"

„Machen Sie dem Lieferant bewusst, dass Sie nicht gegen ihn, sondern mit ihm arbeiten. Sowohl er als auch Sie haben den gleichen gemeinsamen Kunden beziehungsweise Absatzmarkt. Und dieser Kunde ist sehr mächtig. Sich ihm grundsätzlich zu widersetzen, könnte die Folge haben, den bestehenden Auftrag oder zukünftige Aufträge zu verlieren.

Verlangt Ihr Kunde aufgrund der Marktsituation von Ihnen, die Kosten und somit die Preise zu reduzieren, dann müssen zwangsläufig auch Ihre Vorlieferanten mitziehen. Es kann nicht sein, dass Sie als Zulieferer in der Mitte die gesamte Kostenverantwortung tragen. Das schaffen Sie auch gar nicht. Sie schaffen es nur dann, wettbewerbsfähige Preise anzubieten, wenn Ihre Lieferanten Sie bei der Kostenreduzierung unterstützen. Denn Sie sitzen in einem Boot! Verlieren Sie die Aufträge, dann verlieren auch Ihre Vorlieferanten die Aufträge.

Schauen Sie sich einmal die Verträge Ihrer Kunden mit Ihrem Vertrieb an. Wir hatten dieses Thema schon einmal. Die Lieferkette ist nur dann gerecht, wenn für alle die gleichen Regeln gelten. Das gilt für Ihr Unternehmen und für Ihre Lieferanten. Also achten Sie darauf, dass möglichst gleiche Konditionen vereinbart sind.

Und wenn Ihr Vertrieb keine Möglichkeit sieht, durch Verhandlung den Preis beim Kunden nach oben zu bewegen, dann gilt das Gleiche zwischen dem Einkauf und seinen Lieferanten: Sie berufen sich auf die Vereinbarungen mit Ihren Kunden und können zur Sicherstellung der Wettbewerbsfähigkeit keine Preiserhöhungen seitens Ihrer Lieferanten akzeptieren.

Probieren Sie es aus. Viele Lieferanten zeigen Einsicht."

„Das bedeutet", fasste der junge Mann zusammen, „dass ich mich auf keine Diskussion bei Kostensteigerungen einlassen soll?"

„Genau, wischen Sie diese schnell vom Tisch, indem Sie sich auf den Marktdruck Ihrer Kunden beziehen.

Diese Argumentation passt übrigens auch gut beim nächsten Einwand des Lieferanten. Bezieht er sich auf die Preisreduzierungen der letzten Jahre, dann können Sie sagen, dass Sie ebenfalls Preissenkungen im gleichen Verhältnis an Ihre Kunden weitergeben mussten.

Welche Ideen haben Sie bei den nächsten Einwänden?"

Herr Leopold sagte: „Qualität und Lieferservice sind wichtige Themen. Der Preis alleine spielt nicht die Hauptrolle, jedoch gilt es, eine angemessene Qualität und einen guten Lieferservice zu optimalen Preisen zu erzielen. Entscheidend ist der Marktpreis für die gleiche Qualität und den gleichen Lieferservice."

„Genau!", antwortete der Einkaufsleiter. „Machen Sie dem Lieferanten bewusst, dass die geforderte Qualität und ein guter Lieferservice selbstverständlich sind und für alle Lieferanten gleich gelten. Eine vermeintlich höhere Qualität muss hinsichtlich der Kosten in einem vernünftigen Verhältnis stehen. Investiert der Lieferant mehr, als erwartet wird, ist das seine Entscheidung."

Nach einer kurzen Pause sagte der Einkaufsleiter: „Ergänzend zu Ihren Gegenargumenten sollten Sie dem Lieferanten auch die Vorteile einer Preisreduzierung aufzeigen."

„Die Vorteile einer Preisreduzierung? Welche Vorteile soll denn der Lieferant haben?", rief Herr Leopold verständnislos.

„Auch der Lieferant hat Vorteile, wenn er eine Preisreduzierung akzeptiert, zum Beispiel:

- Er muss selbst seine Kosten reduzieren, um die fehlenden Einnahmen auszugleichen. Sowohl intern als auch extern.
- Weniger Herstellungskosten stärken die Wettbewerbsfähigkeit.
- Dadurch kann er zukünftige Anfragen günstiger anbieten und erhält eher einen Auftrag. Nicht nur von uns, sondern auch von anderen Kunden.
- Mehraufträge bewirken eine Verbesserung der Auslastung.
- Dies führt zu einer langfristigen Bindung.
- Und dem Erhalt von Arbeitsplätzen.
- Dies sichert ihm einen starken, zahlungskräftigen Kunden."

„So habe ich das noch nie gesehen", sagte der junge Mann beeindruckt.

Sie möchten jemanden von Ihrer Idee überzeugen?
Dann beachten Sie Folgendes:

Wer Nutzen bietet, wird ernst genommen!

Denn jeder Mensch möchte einen Vorteil haben!

Herr Konrad erklärte: „Machen Sie sich bewusst, jeder Mensch fragt sich zuerst ‚Was habe ich davon? Was bringt mir das?' Wenn Sie Ihrem Gesprächspartner nur Ihre Sichtweise aufdrängen möchten, dann können Sie ihn damit recht wenig begeistern. Sie sollten sich vorher darüber klar werden, was der andere von der Veränderung hat. Nur das interessiert ihn wirklich.

Sie können das vergleichen mit Inseln, auf denen Sie beide stehen. Jeder Mensch hat seine eigene Insel, die seine Bedürfnisse, Ziele und Wünsche darstellt. Möchten Sie jemanden von Ihrer Idee überzeugen, dann ist es entscheidend, dass Sie sich für die Insel des anderen interessieren. Zeigen Sie ihm, welche Vorteile, welchen Nutzen er davon hat, dann haben Sie die besten Chancen, eine Brücke zu ihm zu bauen."

Der Einkaufsleiter zeichnete folgendes Bild an das Flipchart:

Interessieren Sie sich für die Bedürfnisse des anderen!

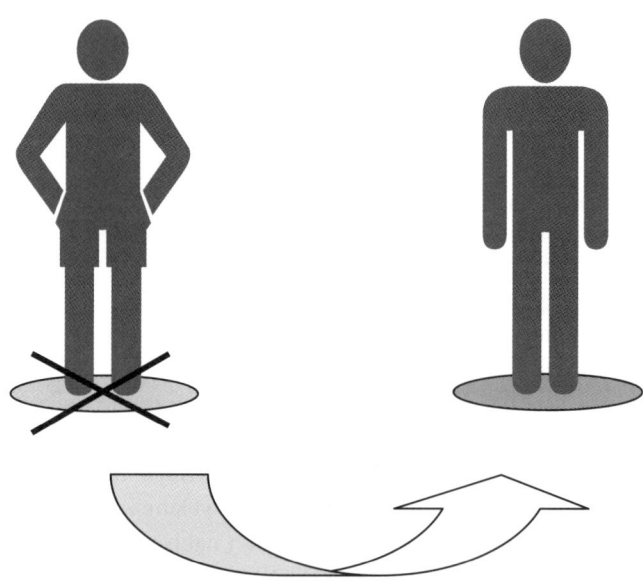

Abbildung 26: „Interessieren Sie sich für die Bedürfnisse des anderen!"

Der Einkaufsleiter fuhr fort: „Es gibt zwei Arten, Menschen zu motivieren: die positive und die negative Motivation. Leider wird in unserer Gesellschaft bevorzugt die negative Form angewendet. Anscheinend ist es leichter, Druck auf andere auszuüben. Deswegen wird diese Methode auch ‚KITA' oder ‚Kick in the ass' genannt. Herzberg hat das vornehmer ausgedrückt."

Herr Konrad wechselte zu folgender Folie:

Positiv und negativ motivieren

Abbildung 27: Positiv und negativ motivieren

„In Herzbergs Vergleich geht es um einen Esel, der einmal mit Druck in eine bestimmte Richtung gedrängt werden soll. Dies funktioniert allerdings nur eingeschränkt, da der Esel sich nur widerwillig bewegt und nach kurzer Zeit stehen bleibt oder gar bockig wird.

Möchte man den Esel dazu bewegen, dass er freiwillig in die richtige Richtung geht, sollte man ihm eine Karotte vor die Schnauze binden. Diese will er fressen, deswegen läuft er permanent auf sie zu. Das ist die positive Motivation."

„Das heißt, ich muss mir Gedanken machen, auf welche Karotte der Lieferant Appetit hat, damit er freiwillig meinen Wunsch nach einer Preisreduzierung akzeptiert?", warf Herr Leopold ein.

„So ist es. Und diese Karotte ist beim Lieferanten der Nutzen, den er von einer Preisreduzierung hat.

Natürlich können Sie sich diesen Aufwand bei kleinen Lieferanten sparen. Wenn Sie die Macht haben, können Sie nur mit Druck Ihre Ziele durchsetzen. Doch ist fraglich, ob diese Methode langfristig von Erfolg gekrönt ist. Bei großen und mächtigen Lieferanten werden Sie mit Druck sowieso nur wenig erreichen. Spätestens bei diesen müssen Sie auf die positive Motivation ausweichen. Haben Sie Fragen?"

„Nein, im Moment nicht."

„Gut, dann machen wir weiter", sagte der Einkaufsleiter. „Wenn Sie den Nutzen erarbeitet haben, können Sie noch eine gewisse Portion Menschenkenntnis einfließen lassen. Es geht um die Kommunikationstypen im NLP."

Die Kommunikationstypen

„Die Wissenschaftler Bandler und Grinder erkannten bei ihren Untersuchungen, dass es die drei Psychotherapeuten sehr gut verstanden, sich auf Ihre Klienten einzulassen. Die Interviews ergaben, dass fast jeder Mensch über einen bevorzugten Sinneskanal verfügt, auf dem er kommuniziert. Wie Sie wissen, haben wir fünf bewusste Sinneskanäle, nämlich das Sehen, Hören, Fühlen, Riechen und Schmecken."

Der Einkaufsleiter ging zum Flipchart und zeichnete folgendes Bild (vgl. Abbildung 28).

„Die jeweils ersten Buchstaben ergeben zusammen die Abkürzung VAKOG, was unseren fünf Sinnen entspricht, nämlich V für visuell (Sehen), A für auditiv (Hören), K für kinästhetisch (Fühlen), O für olfaktorisch (Riechen) und G für gustatorisch (Schmecken).

Zur Vereinfachung grenzen wir auf drei Sinne ein, nämlich V + A + K. Riechen und Schmecken rechnen wir zum Gefühl K."

„Was können wir mit dieser Erkenntnis anfangen?", wollte Herr Leopold wissen.

„Wenn fast jeder Mensch einen bevorzugten Sinneskanal hat, auf dem er kommuniziert, dann können wir dieses Wissen für die Verhandlungsführung nutzen. Denn wenn Sie den bevorzugten Kanal Ihres Gesprächspartners kennen, können Sie den Nutzen sinnesspezifisch vermitteln."

„Ich kann nicht ganz folgen."

Herr Konrad lehnte sich auf seinem Stuhl zurück und sagte: „Ich gebe Ihnen ein Beispiel aus dem Privatleben. Eine Frau sagt zu ihrem Mann: ‚Du liebst mich nicht mehr!‘, worauf er sagt: ‚Natürlich liebe ich Dich!‘ Sie: ‚Nie schenkst Du mir Blumen!‘ Er: ‚Aber ich sage Dir doch andauernd, dass ich Dich liebe!‘ Liebt er sie nun oder nicht?"

Der junge Mann schmunzelte.

Die Kommunikationstypen

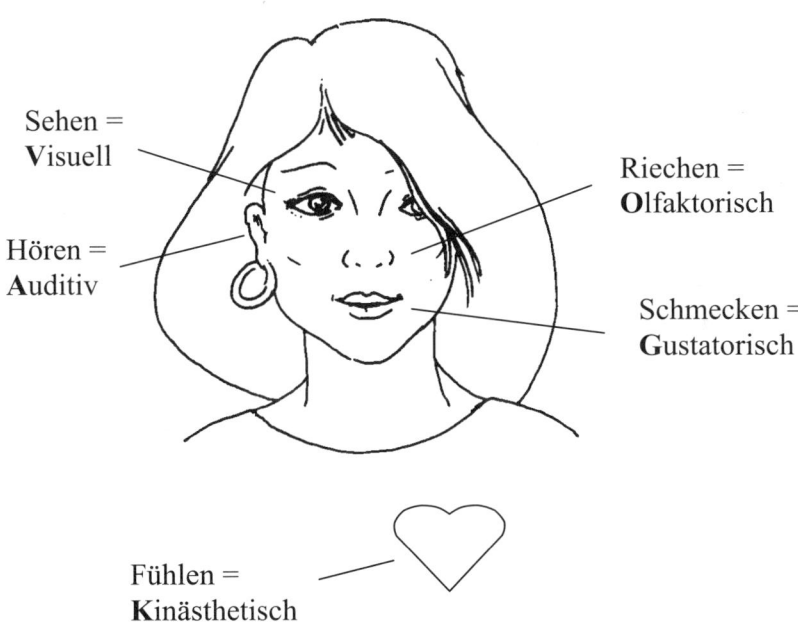

Sehen =
Visuell

Hören =
Auditiv

Riechen =
Olfaktorisch

Schmecken =
Gustatorisch

Fühlen =
Kinästhetisch

Abbildung 28: Die Kommunikationstypen

„Natürlich liebt er sie! In diesem Beispiel ist die Frau der visuelle Kommunikationstyp, während der Mann den auditiven Sinneskanal bevorzugt. Sie möchte den Liebesbeweis sehen, er will ihn hören. Und schon hat man erste Unstimmigkeiten in einer Partnerschaft.

Was bedeutet das für die Partnerschaft? Versuchen Sie den bevorzugten Kanal Ihrer Lebensgefährtin herauszufinden und stellen Sie sich dann so oft wie möglich darauf ein. Damit fördern Sie das Verständnis. Nicht umsonst sagt man ,Wir sprechen die gleiche Sprache'. Verstehen Sie?"

„Wie erkenne ich den Kommunikationstyp?", fragte der junge Mann.

„Es gibt verschiedene Möglichkeiten, den bevorzugten Sinneskanal herauszufinden. Beispielsweise durch die Beantwortung von Fragen wie: Was ist Ihnen in Ihrer Partnerschaft wichtiger: 1. Dass Sie die Zuneigung gezeigt bekommen, 2. dass Sie die Zuneigung gesagt bekommen oder 3. dass Sie die Zuneigung gefühlsmäßig erleben?

Beantworten Sie die Frage mit Antwort 1, dann könnte es aussagen, dass Sie mehr der visuelle Typ sind. Bevorzugen Sie Antwort 2, dann könnten Sie eher der auditive Typ sein, und wenn Sie Antwort 3 zustimmen, dann sind Sie vielleicht ein kinästhetischer Kommunikationstyp.

Natürlich ist es wichtig, möglichst viele Fragen aus allen Lebensbereichen zu stellen, um ein möglichst genaues Ergebnis zu erzielen."

„Bei Bekannten kann ich mir diesen Test gut vorstellen. Doch was mache ich beim Lieferanten? Soll ich ihm auch einen Fragebogen hinlegen, der unter anderem sein Liebesleben hinterfragt?"

Beide lachten.

„Natürlich nicht. Dieser Test ist in erster Linie für das Privatleben gedacht. Aber Sie können trotzdem den bevorzugten Sinneskanal entdecken, indem Sie dem anderen konkrete Fragen stellen. Ein guter Autoverkäufer fragt zum Beispiel den Interessenten, welche Lieblingsfarbe er hat. Sagt der Interessent, dass das Auto unbedingt rot sein soll, dann könnte das bedeuten, dass er mehr der visuelle Typ ist. Sagt er stattdessen, dass ihm die Farbe nicht so wichtig sei, er dafür größten Wert auf Ledersitze mit Sitzheizung legt, dann könnte man ihn vielleicht zur Gruppe der Kinästheten rechnen. Der clevere Autoverkäufer wird diese Erkenntnis nutzen und den visuellen Menschen nur zu Autos mit dessen Lieblingsfarbe führen. Dem Kinästheten wird er sofort ein Probesitzen anbieten und so weiter."

„Das ist gut", sagte Herr Leopold beeindruckt. „Jetzt ist mir der Zusammenhang klar. Wenn ich den Kommunikationstyp kenne, kann ich dieses Wissen gezielt nutzen, um den anderen von meiner Sache zu überzeugen."

„Genau. Sie können damit den Nutzen sinnesspezifisch unterstreichen."

„Haben Sie Beispiele, wie das in der Verhandlung mit dem Lieferanten funktioniert?", fragte der junge Mann.

„Es ist leider nicht so einfach wie beim Autoverkauf. Trotzdem gibt es einige Möglichkeiten. Grundsätzlich sollten Sie dem Lieferanten wichtige Dinge auf dem Flipchart, als PowerPoint-Präsentation oder einfach auf einem Blatt Papier visualisieren. Ich nutze gerne das Flipchart, um unser Ziel zu nennen oder die Umsatzentwicklung aufzuzeigen." Herr Konrad ging zum Flipchart und schrieb folgendes Ziel groß darauf:

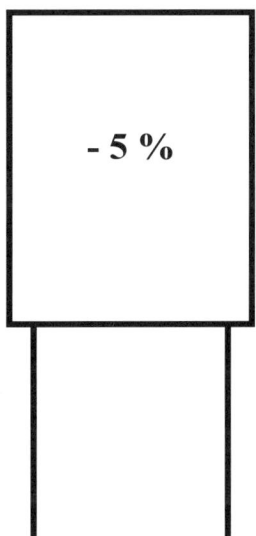

Abbildung 29: Visualisieren

„Es wurde festgestellt, dass die meisten Menschen visuell orientiert sind, das heißt, sie brauchen Bilder, um das Verständnis zu bekommen. Also visualisieren Sie Ihrem Lieferanten mindestens das Maximalziel, das Sie erreichen möchten!", forderte der Einkaufsleiter.

„Außerdem können Sie durch gezielte Auswahl Ihrer Worte die verschiedenen Typen erreichen. Wenn wir das Beispiel ‚Preisreduzierung' wieder hernehmen, könnten Sie Folgendes sagen:

- Herr Lieferant, *stellen Sie sich vor*, wie Ihre Wettbewerber *schauen* werden, wenn sie erfahren, dass Ihr Haus die Mehrzahl an Aufträgen erhält, da Sie aufgrund der Kostenreduzierung das beste Preis-Leistungs-Verhältnis anbieten können.
- Herr Lieferant, *stellen Sie sich vor*, was Ihre Mitarbeiter *sagen* werden, wenn sie erfahren, dass ihre Arbeitsplätze langfristig gesichert sind. Gibt das nicht ein gutes *Gefühl*?

Wie Sie bestimmt bemerkt haben, bezieht sich das erste Beispiel auf den visuellen und das zweite Beispiel auf den auditiven Kanal."

„Ja, und ist nicht im zweiten Beispiel zusätzlich der kinästhetische Sinneskanal durch den Nachsatz ‚Gibt das nicht ein gutes Gefühl?‘ einbezogen?", ergänzte Herr Leopold.

„Gut erkannt. Bestimmt ist Ihnen auch aufgefallen, dass beide Sätze mit ‚Stellen Sie sich vor‘ beginnen. Diese Formulierung bewirkt, dass Sie den anderen in die Zukunft führen. Sie erleichtern ihm dadurch, sich Bilder eines zukünftigen Zustandes zu machen. Diese Bilder sind für die Motivationssteigerung sehr wichtig."

„Wie bei der Zielerreichung."

„Genau. Was glauben Sie, warum die Werbung oft mit Bildern arbeitet? Wenn Sie beispielsweise einen Urlaubskatalog studieren, sehen Sie neben der Hotelbeschreibung auch Fotos mit den schönsten Aufnahmen. Warum machen die Werbeleute das? Weil sie genau wissen, dass die Bilder den Betrachter in die Zukunft führen. Er fühlt sich während des Betrachtens bereits am Urlaubsort, am Strand liegend, auf das rauschende Meer blickend."

„Klasse!", sagte der junge Mann begeistert. „Was soll ich jedoch tun, wenn ich den Kommunikationstyp nicht herausfinde?"

„In diesem Fall gibt es eine Faustregel: Kommunizieren Sie auf allen drei Ebenen, sowohl visuell als auch auditiv und kinästhetisch. Dann decken Sie alle Typen ab.

Und noch etwas", ergänzte Herr Konrad: „Bitte stecken Sie die Menschen nicht in irgendwelche Schubladen, nach dem Motto Das muss ein visueller Mensch sein. Deswegen muss ich visuelle Worte benutzen und ihm viel zeigen.

Das Wissen um die Kommunikationstypen ist interessant und hilfreich. Es ist jedoch nur ein Teil des Ganzen. Also machen Sie daraus keine Religion, sondern spielen Sie damit."

„Verstanden", antwortete Herr Leopold.

Die Machtverhältnisse

„Bei unserem letzten Treffen", fuhr Herr Konrad fort, „hatten wir bereits über die Machtverhältnisse gesprochen. Erinnern Sie sich an die Übung ‚Aufbau des Selbstwertgefühls'?"

„Sie meinen im Zusammenhang mit Rahmenverträgen?"

„Genau. Aber natürlich ist es nicht nur bei der Realisierung von Rahmenverträgen wichtig, selbstbewusst zu sein. Für jede erfolgreiche Verhandlung ist es Voraussetzung."

Der junge Mann nickte. Nach einer Weile fragte er: „Aber wie soll ich mich bei schwierigen Gesprächspartnern verhalten? Manche verstehen es hervorragend, uns Einkäufer in die Enge zu treiben."

„Haben Sie ein Beispiel?"

„Neulich hatte ich eine Preisverhandlung mit einem schwierigen Lieferanten. Ich bereitete mich gut vor und holte auch ein interessantes Angebot eines spanischen Wettbewerbers ein. Als ich ihm das Angebot präsentierte, meinte er spöttisch: ‚Herr Einkäufer, das weiß doch jeder, dass spanische Lieferanten für dieses Material nichts taugen.' Ich musste erst mal schlucken. Dann verteidigte ich das Angebot. Doch irgendwie war dann die Luft raus."

„Wissen Sie, was der Verkäufer mit Ihnen gemacht hat?", fragte Herr Konrad provozierend. „Er hat Sie durch eine Pauschalaussage in eine Sackgasse geführt. Ihr Versuch, sich zu rechtfertigen, musste von Anfang an scheitern."

„Ja, aber was hätte ich tun sollen?"

Gezielte Fragetechnik

„Lassen Sie ihn konkretisieren, indem Sie seine Aussagen hinterfragen. Dann werfen Sie ihm den Ball wieder zu. Jetzt soll er seine Aussage rechtfertigen. Was hätten Sie in Ihrem Beispiel fragen sollen?"

Herr Leopold überlegte eine Weile und meinte dann: „Vielleicht hätte ich fragen sollen wie er darauf kommt, dass spanische Lieferanten schlechter sein sollen als deutsche?"

„Genau. Hinterfragen Sie konkret die Aussagen des anderen. In diesem Fall könnten Sie fragen: ‚Wie kommen Sie darauf?' Damit werfen Sie den Ball zurück, und nun ist der andere im Zugzwang, sich zu rechtfertigen.

Wir tun uns damit schwer, Aussagen zu hinterfragen. Es ist aber wichtig, um dem anderen Grenzen aufzuzeigen. Schließlich sind solche Pauschalaussagen schon eine Beleidigung, denn ihnen folgen nicht ausgesprochene Aussagen. In Ihrem Fall könnte diese vielleicht so lauten: ,Das weiß doch jeder, dass spanische Lieferanten für dieses Material nichts taugen, ... *was wollen Sie eigentlich Herr Einkäufer. Sie haben ja überhaupt keine Ahnung.*'"

Herr Leopold schluckte verärgert. „Das passiert mir nicht noch mal."

„Damit Ihnen das nicht noch einmal passiert, machen wir eine Übung. Einverstanden?"

Hinterfragen Sie Pauschalaussagen!

Übung:

1 Dies ist beschlossen worden.
2 Wir können hier keine Ausnahme machen.
3 Das sieht doch jeder ein.
4 Das haben wir schon immer so gemacht.
5 Wir haben schon alles optimiert.
6 Das bringt uns nichts.
7 Sie wissen ganz genau, was ich meine.

Herr Konrad deutete auf die erste Pauschalaussage und fragte: „Wie würden Sie diese Aussage hinterfragen?"

Der junge Mann überlegte kurz und sagte: „Warum wurde das beschlossen?"

„Es ist nicht gut, wenn Sie ,warum' verwenden", hakte Herr Konrad ein. „Denn das kann als Angriff verstanden werden. Besser ist es, offene Fragen zu stellen wie: ,Was wurde genau beschlossen?' Merken Sie den Unterschied?"

„Ja. Bei der zweiten Aussage würde ich antworten: ,Was könnte passieren, wenn wir es doch täten?'

„Prima. Und bei der dritten Aussage?"

Der junge Mann grinste und sagte: „Jeder?"

„Ich merke, Sie haben verstanden, um was es geht. Ich schlage vor, dass Sie die Übung zu Hause alleine abschließen."

Der junge Mann freute sich über das Lob. *In der heutigen Zeit ist das nicht mehr selbstverständlich. Üblich ist eher das Gegenteil: Hundertmal macht man alles richtig, und niemand nimmt es wahr. Macht man einmal etwas falsch, wird das gleich an die große Glocke gehängt.* Hier bei diesem Einkaufsleiter fühlte er sich anerkannt.

Musterunterbrechung

Herr Konrad holte den jungen Mann mit den Worten zurück: „Wie verhalten Sie sich in einem Verhandlungstief oder wenn Sie merken, dass Ihr Verhandlungspartner immer mehr die Zügel in die Hand bekommt?"

„Ich mache eine Pause", sagte Herr Leopold spontan.

„Richtig. Schlagen Sie vor, sich kurz zu trennen. Dies nennt man auch Musterunterbrechung. Immer dann, wenn nichts mehr geht oder der andere Sie fast dazu gebracht hat, auf seine Wünsche einzugehen, sollten Sie unterbrechen.

In der Pause hat jede Partei die Möglichkeit, wieder einen klaren Kopf zu bekommen und sich mit Kollegen über die weitere Vorgehensweise zu besprechen.

Wenn Sie mit einem schwierigen Gesprächspartner verhandeln, der beispielsweise cholerisch wird oder Sie nicht zu Wort kommen lässt, dann wirkt auch eine Musterunterbrechung. Stehen Sie einfach auf, während der andere redet, gehen Sie zum Fenster und schauen Sie sich die Natur draußen an. Sehr bald wird der Gesprächspartner ruhig werden, da er merkt, dass Sie ihm keine Aufmerksamkeit mehr schenken."

„Ist das nicht sehr unhöflich?", fragte Herr Leopold.

„Ist es nicht sehr unhöflich von dem anderen, laut zu werden oder Sie nicht zu Wort kommen zu lassen?", antwortete Herr Konrad mit einer Gegenfrage. „Höflichkeit ist wichtig, doch genauso wichtig ist es, geachtet und respektiert zu werden. Nur so können Sie Ihr Verhandlungsziel erreichen."

Der Einkaufsleiter ergänzte: „Eine Methode, die bei schwierigen Gesprächspartnern auch helfen kann, ist, seine Gefühle zu äußern, ohne mit dem Finger auf den anderen zu zeigen. Dies nennen die Psychologen ‚Ich-Botschaft'. Sagen Sie, während Sie mit Ihrem Zeigefinger auf *sich selbst* deuten: ‚Mich stört, wie aktuell das Gespräch verläuft. Lassen Sie uns bitte sachlich weiterdiskutieren.' Oft reagiert der andere mit einer Entschuldigung und wird sofort ruhiger."

Wie wichtig ist der Zeitfaktor für Sie und die andere Partei?

„Einen nicht unerheblichen Einfluss auf das Verhandlungsergebnis hat der Zeitfaktor", fuhr Herr Konrad fort.

„Brauchen Sie schnellstens ein bestimmtes Material, und der Lieferant merkt das, dann könnte er versuchen, das für sich als Vorteil zu nutzen. Kurz entschlossen erhöht er vielleicht die Preise.

Also achten Sie darauf, dass Sie es dem Lieferanten weder sagen noch ihn spüren lassen, wenn Sie unter Zeitdruck stehen. Es ist ratsam, immer eine gewisse Gelassenheit auszustrahlen, nach dem Motto: ‚Wir haben genug Zeit für die Lieferantenauswahl.'

Ein guter Verkäufer lässt Sie das auch spüren, indem er sich denkt: ‚Ich möchte gerne den Auftrag von Ihnen, Herr Einkäufer, aber ich brauche ihn nicht.' Dies strahlt Gelassenheit und Erfolg aus. Wer möchte schon gerne Geschäfte mit einem unsicheren oder bettelnden Verkäufer machen?"

„Ich verstehe", sagte Herr Leopold.

„Andersherum", fuhr der Einkaufsleiter fort, „ist es für Sie als Einkäufer wichtig, herauszufinden, ob der Lieferant unter Zeitdruck steht. Auch wenn er es Ihnen nicht zeigt, braucht er vielleicht unbedingt einen Auftrag. Wenn Sie das herausfinden, haben Sie die besseren Karten."

„Wie finde ich das heraus?", wollte der junge Mann wissen.

„Bei neuen Lieferanten macht es Sinn, eine Bonitätsprüfung durchzuführen. Hierzu können Sie sich eine Auskunft bei diversen Instituten einholen. Anhand der Einstufung erkennen Sie zumindest grob, wie es um das Unternehmen steht."

Risikomanagement im Einkauf

„Sie wissen, dass 1998 ein Gesetz erlassen worden ist zum Thema Risikomanagement in Unternehmen, das sogenannte Kontroll- und Transparenzgesetz?", wollte Herr Konrad wissen.

„Ich habe davon gehört, doch Details sind mir bisher nicht bekannt. Ist das wichtig zu wissen?"

„Es kommt darauf an. Da es in den letzten Jahren vermehrt zu Zusammen-
brüchen von Unternehmen kam, möchte der Gesetzgeber das Risiko für
Aktionäre und Gläubiger mindern. Deswegen sind die Unternehmen verpflichtet, ein Risikomanagement einzuführen. Ziel ist es, mögliche Abwei-
chungen bei Umsatz und Kosten rechtzeitig zu erkennen und vorbeugende
Maßnahmen zu installieren."

„Ist das nicht die Aufgabe eines jeden Managements?", fragte Herr Leopold.

„Natürlich. Und jedes Unternehmen machte in der Vergangenheit auch
irgendetwas. Doch hat sich gezeigt, dass die Risikoplanung in vielen Unternehmen zu altmodisch und ungenau war. In Krisensituationen reichten die
Maßnahmen oft nicht aus, um das Unternehmen zu retten.

Mit Einführen des Gesetzes ist es Pflicht geworden, eine Dokumentation zu
führen. Davon sind alle Abteilungen betroffen, die über ein Risikopotenzial
verfügen, insbesondere Einkauf, Vertrieb und Produktion. In der Produktion
kann es der Ausfall von wichtigen Maschinen sein, im Vertrieb ein massiver
Absatzrückgang."

„Und im Einkauf?"

„Auch der Einkauf ist direkt oder indirekt davon betroffen. Stellen Sie sich
vor, Sie haben für bestimmte A-Teile nur einen Lieferanten. Was tun Sie,
wenn dieser ausfällt? Wenn bei Ihrem Kunden die Fertigung steht, weil Ihr
Unternehmen bestimmte Produkte nicht liefern kann, wissen Sie, was das
bedeutet? Es könnte ein erheblicher Haftpflichtschaden auf Sie zukommen.
Gut, diesen können Sie versichern. Doch viel schlimmer ist, wenn Ihr Kunde
daraufhin zu einem Wettbewerber wechselt. Das wäre eine Katastrophe!

Andere Risiken im Einkauf sind:

- Ausnutzung der Machtposition eines Monopolisten
- massive Preisschwankungen an den Börsen
- der Lieferant könnte Wettbewerber von uns werden
- keine Beschaffungsmarkttransparenz
- Langzeitverträge ohne Ausstiegsklausel
- Lieferprobleme
- Qualitätsprobleme
- Ausfall von Kompetenzträgern im Einkauf

Der Gesetzgeber verlangt bisher nur von Ihnen,

- sich dieser Risiken bewusst zu werden,
- geeignete Szenarien und Maßnahmen zu entwickeln,
- Verantwortlichkeiten festzulegen,
- das Ganze zu dokumentieren
- und zu kontrollieren."

„Was habe ich als Einkäufer zu tun?", wollte Herr Leopold wissen.

„Erst mal gar nichts. Denn die Einhaltung eines Risikomanagements kommt zuerst über die Geschäftsführung an die Einkaufsleitung. Von dort erhalten Sie dann Ihre Anweisungen. Sie könnten vorbeugend mit Ihrem Einkaufsleiter sprechen und ihn auf dieses Gesetz hinweisen. Falls er davon noch nichts weiß, sollte er das Gespräch mit der Geschäftsführung unbedingt suchen. Außerdem könnten Sie Ihre Hauptlieferanten informieren, ebenfalls dieses System einzuführen.

Nochmals zusammengefasst: Das Gesetz schränkt nicht das unternehmerische Risiko ein. Das Unternehmen kann nur dann mit dem Gesetz in Konflikt kommen, wenn die Vorgaben nicht eingehalten wurden und insbesondere keine Dokumentation der Risiken durchgeführt worden ist."

Das Win-win-Prinzip oder Welche Kompromisspunkte gibt es?

„Kommen wir auf unser Thema zurück. Der nächste Schritt in der Vorbereitung ist, dass Sie sich fragen: Was bin ich bereit zu geben, um mein Ziel zu erreichen?"

„Ich soll was geben? Ich könnte ihm einen neuen Auftrag in Aussicht stellen, wenn wir uns einigen", meinte Herr Leopold.

„Das ist ein Beispiel für ein Geschenk, das Sie Ihrem Lieferanten bereiten können. Am besten nehmen Sie die Anfrageunterlagen für ein neues Projekt direkt mit in die Verhandlung.

Es ist wichtig, dass Sie dem Lieferanten auch das Gefühl geben, etwas zu erhalten. Wenn Sie nur wollen, ohne etwas zu geben, dann findet eigentlich gar keine Verhandlung statt. Sehr schnell sind die Fronten verhärtet, und Sie kommen zu keinem Ergebnis.

Also überlegen Sie sich vorher, welche Kompromisspunkte Sie eingehen können und zu welchen Bedingungen. Wenn Sie das versäumen, machen Sie während der Verhandlung eventuell Zugeständnisse, die Sie im Nachhinein bereuen könnten."

Der junge Mann überlegte und meinte: „Was könnte ich noch geben? Ja, ich könnte dem Lieferanten zum Beispiel eine Einkaufskooperation beim Vormaterial oder Energieeinkauf anbieten, wenn dies möglich ist."

„Sehr gut. Manchmal ist es gar nicht notwendig, materielle Geschenke zu verteilen. Machen Sie sich bewusst: Der Verkäufer ist auch ein Mensch mit Stärken und Schwächen. Versuchen Sie, ihm auch auf der persönlichen Ebene etwas Gutes zu tun. Ein Lob über die bisher erfolgreiche Zusammenarbeit oder Ihr Dank für den spontanen Einsatz an einem Wochenende kann kleine Wunder bewirken.

Als wir eines Tages einen unserer Hauptlieferanten besuchten, sahen wir im Büro des Geschäftsführers einen eingerahmten Brief an der Wand hängen. Dort bedankte sich der Geschäftsführer eines Kunden für die außerordentliche Zusammenarbeit im letzten Jahr. Der Lieferant war so angetan von diesem persönlichen Dank, dass er dem Brief einen besonderen Platz an der Wand widmete."

„Ich bin beeindruckt", sagte der junge Mann. „Eine tolle Idee."

„Doch bitte machen Sie so etwas nur, wenn Sie davon überzeugt sind. Wenn es nicht wirklich ehrlich gemeint ist, sondern quasi als Serienbrief an alle Lieferanten geht, dann können Sie sich den Aufwand sparen. Dankesschreiben hinterlassen nur dann einen tiefgreifenden Eindruck, wenn Sie persönlich geschrieben und ehrlich gemeint sind."

Herr Leopold verstand, auf was es ankam: *Verhandeln ist ein Geben und Nehmen. Wenn ich bereit bin, kleine und ehrliche Geschenke zu verteilen, dann schaffe ich die Basis für ein harmonisches Kunden-Lieferanten-Verhältnis.*

Legen Sie Ihre Strategie und Taktiken fest!

Der Einkaufsleiter holte den jungen Mann zurück: „Lassen Sie uns jetzt den nächsten Schritt in der Vorbereitung tun: Legen Sie die Strategie fest und machen Sie sich mit den Taktiken vertraut!"

„Eine Strategie festzulegen, bedeutet das, die Vorgehensweise zu planen?", fragte Herr Leopold.

„Ja, so könnte man es nennen. Die Strategie ist der Weg zum Ziel. Sie ist die Planung der einzelnen Schritte und der Verhandlungtaktiken. Eine Taktik ist ein Teil der Strategie, ein situationsbezogenes Einzelvorgehen.

Nehmen wir als Beispiel die Ermittlung des optimalen Preises. Stellen Sie sich vor, Sie haben eine Marktuntersuchung für ein laufendes Teil gemacht. Als Ergebnis haben Sie drei interessante Angebote erhalten, die zwischen 10 und 15 % unter dem aktuellen Serienpreis liegen. Der normale Einkäufer würde sich vielleicht so sehr über die Einsparung freuen, dass er es versäumt, den Angebotspreis nachzuverhandeln. Sie natürlich nicht. Deswegen haben Sie die drei Anbieter eingeladen, damit sie sich bei Ihnen vorstellen. Heute Mittag kommt der erste Lieferant. Mit welcher Strategie könnten Sie ihn auf den optimalen Preis bringen?"

Herr Leopold antwortete spontan: „Ich würde dem Lieferanten sagen, dass ich zwei weitere Interessenten mit guten Preisen habe. Wenn er das Geschäft machen wollte, müsste er auf den Bestpreis einsteigen."

„Einverstanden. Das ist ein Teil der Strategie. Was würden Sie noch tun?"

„Ich würde ihm Argumente für eine Zusammenarbeit mit unserem Haus nennen."

„Gut, was noch?"

Der junge Mann schaute den Einkaufsleiter fragend an.

„Verschleudern Sie nicht gleich am Anfang die ganze Energie!", forderte der Einkaufsleiter den jungen Mann auf. „Es gibt Schritte, die Sie nach und nach nutzen sollten."

Herr Konrad blätterte um zum nächsten Schaubild:

Beispiel einer Strategie

1. Schritt: aufs Ganze gehen
Sie konfrontieren den Lieferanten mit Ihrem Zielpreis.

2. Schritt: Ausloten
Sie versuchen herauszufinden, zu welchem Zugeständnis er bereit ist.

3. Schritt: Herausforderung
Sie konfrontieren ihn mit Wettbewerbsangeboten

4. Schritt: Hinauszögern
Sie versuchen durch eine Unterbrechung einen Vorteil zu erhalten und machen dem Lieferanten das Angebot, ihm entgegenzukommen.

5. Schritt: sich in der Mitte treffen
Sie versuchen, sich in der Mitte zwischen den letztgenannten Preisen zu treffen.

„Zuerst sollten Sie aufs Ganze gehen, das heißt, nennen Sie dem Lieferanten Ihren Zielpreis! Voraussetzung ist, dass Sie sich vorher zwei Ziele gesetzt haben: ein höheres Ziel, das Sie ihm nennen, und ein niedrigeres Ziel, mit dem Sie letztlich zufrieden sind.

Nehmen wir an, der Lieferant, der heute zu Ihnen kommt, hat einen Preis von 0,43 € pro Stück angeboten. Das Lieferantenziel, das Sie ihm nennen, ist allerdings 0,35 €. Ihr persönliches Ziel, mit dem Sie zufrieden sind, ist 0,38 €. Also, der erste Schritt wäre, dass Sie aufs Ganze gehen und dem Lieferanten sagen: ‚Unsere Marktuntersuchung hat ergeben, dass der Zielpreis bei 0,35 € liegen müsste.‘ Wie reagiert der Lieferant?"

Der junge Mann antwortete sofort: „Der wird sich wehren. Immerhin beträgt der Unterschied mehr als 15 % zu seinem Angebot."

„Na klar wehrt er sich. Doch jetzt sind Sie am Zug, auszuloten, um wie viel er bereit ist, Ihnen entgegenzukommen. Dies ist Stufe 2. Sie könnten zum Lieferanten sagen: ‚Wenn Sie nicht auf unseren Zielpreis einsteigen können, inwieweit können Sie uns entgegenkommen?‘

Irgendeinen Nachlass wird er Ihnen gewähren, denn er hat einen Verhandlungsspielraum eingeplant. Nehmen wir an, er sagt: ‚Ich möchte gerne mit

Ihnen ins Geschäft kommen, deswegen bin ich bereit, den Preis auf 0,41 € je Stück zu senken.'

Jetzt erst kommt der dritte Schritt, nämlich die Konfrontation mit dem Wettbewerb. Sagen Sie zu dem Verkäufer: ,Es ist schön, dass Sie uns entgegenkommen, nur leider ist Ihr Angebot trotzdem weit von unseren Vorstellungen und dem Marktpreis entfernt. Sie wissen, dass wir auch andere Lieferanten angefragt haben, die um den Zielpreis liegen. Wir haben morgen und übermorgen noch zwei Gespräche. Bitte prüfen Sie nochmals, was möglich ist.'

Vielleicht antwortet der Verkäufer: ,Die anderen Angebote kann ich nicht beurteilen. Ich weiß, dass wir gut liegen, deswegen kann ich Ihnen maximal noch mit einem Cent auf 0,40 € entgegenkommen. Dann müssten Sie aber die Lieferlosgröße erhöhen.'

Bestätigen Sie den Wunsch und bieten Sie an, die Losgrößen zu prüfen!

Manch ein Einkäufer würde sich mit diesem Ergebnis zufriedengeben. Doch Sie haben noch mindestens zwei Joker im Koffer. Was, glauben Sie, ist der nächste Schritt?"

Der junge Mann überlegte kurz und meinte: „Ich mache eine Pause, eine Musterunterbrechung?"

„Genau das!", bestätigte Herr Konrad. „Sagen Sie zum Verkäufer: ,Wir schlagen vor, dass wir uns für eine Weile trennen. Ich bespreche mich noch mal mit meinem Einkaufsleiter, ob wir Ihnen entgegenkommen können, und Sie, lieber Lieferant, kalkulieren bitte auch noch mal nach. Vielleicht finden Sie doch noch eine Möglichkeit. Hier steht ein Telefon, das Sie nutzen können, um Rücksprache mit Ihrer Firma zu halten. Trinken Sie noch einen Kaffee, und wir treffen uns wieder in fünfzehn Minuten. Dann versuchen wir Ihnen einen Vorschlag zu unterbreiten.'"

„Wir unterbreiten ihm einen Vorschlag?", fragte der junge Mann.

„Ja, das ist ein Bestandteil dieser Taktik. Neben der Möglichkeit, in Ruhe alleine nachzukalkulieren und ein Telefonat mit dem Chef zu führen, geben wir ihm dadurch das Gefühl, dass wir nicht nur wollen, sondern auch bereit sind, Kompromisse einzugehen. Es ist eine Art von Win-win-Angebot an ihn."

„Ich verstehe. Das ist clever!"

„Während Sie sich draußen mit Ihrem Kollegen oder Einkaufsleiter besprechen, sollten Sie eine realistische Kompromisslösung festlegen. Dann gehen Sie wieder in das Besprechungszimmer und sagen zum Beispiel: ,Wir haben

uns mit den Zahlen nochmals intensiv auseinandergesetzt. Unser Einkaufsleiter wollte an dem Zielpreis festhalten, doch wir konnten ihn überzeugen,
ein gewisses Zugeständnis zu akzeptieren. Wir lassen von unserem bisherigen Zielpreis von 0,35 € los und teilen Ihnen mit, dass ein Preis von 0,37 € je
Stück noch tolerierbar wäre. Sind Sie damit einverstanden?'

Was wird wohl der Verkäufer sagen? Vielleicht sagt er: ,Das ist unmöglich.
Ich habe noch mal mit meinem Chef telefoniert. Das Äußerste, zu dem er
bereit ist, ist, den Preis auf 0,39 € zu reduzieren. Allerdings nur dann, wenn
wir noch heute den Zuschlag von Ihnen erhalten.'

Jetzt kommt der letzte Schritt dieser Strategie: Sie bieten ihm an, sich in der
Mitte zu treffen. Sie könnten sagen: ,Lieber Lieferant, wir danken Ihnen für Ihr
Entgegenkommen. Es ist nicht das, was erreicht werden sollte. Doch wir
möchten mit Ihnen zusammenarbeiten. Lassen Sie uns hier und jetzt eine
Lösung finden. Wir schlagen vor, dass wir uns in der Mitte bei 0,38 € treffen.
Dann erhalten Sie noch heute eine Bestätigung. Einverstanden?' Während Sie
,einverstanden' sagen, sollten Sie dem Lieferanten die Hand reichen. Viele
werden sie annehmen und per Handschlag die Vereinbarung besiegeln."

„Das hört sich so einfach an", meinte Herr Leopold.

„Natürlich ist das Theorie, doch es hat sich gezeigt, dass die gezielte
Anwendung dieser Strategie in vielen Fällen zum Erfolg führt. Vielleicht
müssen Sie andere Methoden anwenden. Denken Sie auch daran, dem
Lieferanten seinen Nutzen aufzuzeigen. Vielleicht ist es auch notwendig,
Druck auszuüben. Das kann man pauschal nicht vorgeben. Sie müssen es im
Einzelfall entscheiden. Wichtig ist, dass Sie möglichst viele Taktiken und
mindestens eine zweite Strategie, eine sogenannte Black Box, in petto haben."

„Was meinen Sie mit Black Box?", fragte der junge Mann.

„Wenn Sie merken, dass Ihre Strategie nicht funktioniert, weil der Verkäufer
sie durchschaut oder mit guten Argumenten zerredet, dann wäre es fatal,
planlos weiterzumachen. Deswegen überlegen Sie sich vorher, wie Sie noch
zum Ziel kommen könnten. Es gibt viele Wege nach Rom. Sie brauchen nur
die Wege zu kennen."

„Gibt es noch weitere Taktiken innerhalb einer Strategie, um sein Verhandlungsziel zu erreichen?", wollte der junge Mann wissen.

„Viele. Ich werde Ihnen noch einige klassische Verhandlungtaktiken aufzeigen."

Herr Konrad wechselte wieder das Chart:

Verhandlungstaktiken

Salamitaktik
Wenn ich mein gewünschtes Verhandlungsziel nicht auf einmal erreichen kann, versuche ich es scheibchenweise zu holen.

Fait accompli
Diese Taktik steht für „vor vollendete Tatsachen stellen".

Standardpraktik
Eine Taktik, die dem anderen den Eindruck verschaffen soll, dass die getroffenen Vereinbarungen so üblich und für beide Seiten optimal sind.

Beschränkte Befugnis
Besteht ein Lieferant nach längerer Diskussion auf eine massive Preiserhöhung, dann können Sie sagen, dass Sie nicht befugt sind, mehr als x % zu akzeptieren. Der Einkaufsleiter befindet sich gerade auf Geschäftsreise.

Fristen setzen
Sagt der Verkäufer, dass er eine Preisreduzierung nicht alleine entscheiden darf, sollten Sie ihm einen Termin für sein letztes Angebot bis zum nächsten Tag setzen.

Ablenken
Durch Ablenkung können wir den Eindruck erwecken, dass wir etwas Bestimmtes anstreben, während unser eigentliches Ziel woanders liegt.

Scheinbarer Rückzug
„Ich habe Ihnen gesagt, was ich höchstens bezahlen kann. Wenn Sie mir nicht entgegenkommen, müssen wir leider das Gespräch beenden." Dann so tun, als wollten Sie zusammenpacken.

Guter Mensch/böser Mensch
Ein Einkäufer spielt den Bösen, der droht und aggressiv ist. Der andere Einkäufer spielt den Guten, der sich freundlich gibt und vermittelt. Der Böse verlässt den Raum, und der Gute bietet dem Lieferanten einen Deal an, der unter diesen Umständen zu gut erscheint, um abgelehnt werden zu können.

Salamitaktik

„Die berühmte Salamitaktik", erklärte Herr Konrad, „wird in allen Bereichen eingesetzt, wo es unmöglich erscheint, sofort das Gesamtergebnis zu erzielen. Haben Sie schon einmal Kinder beobachtet, wie sie ihre Eltern überzeugen wollen, dass ihr Vorhaben in Ordnung sei?"

„Nicht bewusst, da ich noch keine Kinder habe", antwortete Herr Leopold.

„Wenn ich abends zu Hause in meinem Büro noch etwas zu erledigen habe, kommt irgendwann unsere dreijährige Tochter gelaufen. Ihr Lieblingsspiel ist es, auf meiner Computertastatur herumzudrücken. Das darf sie natürlich nicht. Im ersten Schritt will sie aufs Ganze gehen, das heißt, sie rennt zum Computer und versucht auf die Tatstatur einzuschlagen. Ich sage dann: ‚Nein, das darfst du nicht!' Sie zieht sich für wenige Sekunden zurück, kommt wieder und setzt sich auf meinen Schoß – das war der zweite Schritt oder die erste Scheibe der Salami. Nun will sie wieder zur Tastatur greifen, und ich sage wieder: ‚Lass bitte deine Finger weg!' Sie nimmt für einen Moment die Finger weg, beginnt jedoch gleich wieder ganz langsam eine Hand nur bis zur Maus auszustrecken. ‚Das darf sie', denke ich mir – und schon hat sie die nächste Scheibe der Salami in der Hand. Als Nächstes geht die freie Hand zur Tastatur, aber ohne eine Taste zu drücken. Irgendwann beginnt sie schließlich doch mit den Tasten zu spielen. Ich schalte entnervt das Gerät ab und sage zu ihr: ‚Dann spiel halt am Computer', während ich etwas anderes mache.

Das ist ein typisches Beispiel für eine Salamitaktik. Wir können von den Kindern lernen."

Beide lachten.

„Auf den Einkauf bezogen", fuhr Herr Konrad fort, „gibt es auch verschiedene Möglichkeiten. Eine haben wir schon kennengelernt, wenn es um die Vertragsgestaltung geht."

Herr Leopold überlegte und sagte: „Meinen Sie vielleicht den Langzeitvertrag?"

„Genau! Der Langzeitvertrag ist auch eine Art Salamitaktik. Wenn ich es nicht schaffe, die komplette Preisreduzierung sofort zu bekommen, dann kann ich sie mir scheibchenweise holen, indem ich einen Langzeitvertrag über mehrere Jahre mit jährlicher Preisreduzierung schließe."

„Interessant. Gibt es noch ein Beispiel?", fragte der junge Mann.

„Sie sollten die Salamitaktik immer während der Verhandlungsführung nutzen. Verlangen Sie niemals bereits am Anfang des Gesprächs vom Lieferanten, dass er

- die Preise reduziert
- die Konditionen verbessert
- seine Qualitätsprobleme löst
- einen Langzeitvertrag akzeptiert
- ...

Es besteht die Gefahr, dass Ihr Verhandlungsergebnis nicht optimal sein wird, denn er wird Ihre Wünsche als Paket verhandeln.
Besser ist es, scheibchenweise vorzugehen. Beginnen Sie mit einem Thema und finden Sie dafür ein Lösung. Erst dann kommt das zweite Thema und so weiter. Verstehen Sie, wie ich das meine?"
„Ich denke ja. Es ist, wie wenn ich in einen Elektro-Supermarkt gehe, um mir eine neue PC-Anlage zu kaufen. Sage ich direkt am Anfang, dass ich einen PC mit Tastatur, einen Monitor, einen Drucker und einen Scanner benötige, wird der Verkäufer mir zwar einen guten Gesamtpreis machen, doch der Nachlass wäre bestimmt höher gewesen, wenn ich jedes Teil für sich verhandelt hätte."
„So ist es!", freute sich Herr Konrad.

Fait accompli

„Bei der Taktik ‚Fait accompli' geht es darum, den anderen vor vollendete Tatsachen zu stellen. Das wird jedes Jahr aufs Neue mit Ihnen gemacht."
„Mit mir?", fragte Herr Leopold erstaunt.
„Jeder Einkäufer erhält von vielen seiner Lieferanten am Jahresende einen netten Brief, in dem steht, dass aufgrund von Kostensteigerungen die Preise ab dem nächsten Jahr um x % angehoben werden müssten. Das ist ein typisches Beispiel für Fait accompli. Haben Sie schon einmal daran gedacht, den Spieß herumzudrehen?"
„Sie meinen, wir sollten einen Brief an unsere Lieferanten schicken?"

„Genau. Probieren Sie es doch aus und schreiben Sie rechtzeitig vor den Jahresverhandlungen pro-aktiv einen Serienbrief an ausgewählte Lieferanten. Der Text könnte wie folgt lauten:

Sehr geehrte Damen und Herren,

wie Sie wissen, macht der globale Wettbewerb auch vor unserer Branche nicht Halt. Unsere Kunden erwarten eine Wettbewerbsfähigkeit, die internationalem Maßstab entspricht. Diese Vorgabe ist nur durch eine ständige Verbesserung der Kostensituation zu erreichen. Da ein Großteil der Kosten in der Beschaffung entsteht, schaffen wir dies nur gemeinsam mit Ihnen.

Aktuell fordern unsere Großkunden für das kommende Jahr Preisreduzierungen in Höhe von 10 %. Bitte teilen Sie uns mit, durch welche Maßnahmen der Kostenreduzierung Sie uns bei der Erreichung dieses Ziels unterstützen können. Bitte senden Sie Ihre Vorschläge mit Einsparungspotenzial bis zum 15.10.2007.

Bei Rückfragen stehen wir Ihnen gerne zur Verfügung.

Mit freundlichen Grüßen

Nun, was halten Sie davon, junger Mann?"
„Da bin ich platt. Sie drehen den Spieß um. Funktioniert das auch?"
„Wir haben letztes Jahr diese Taktik zum ersten Mal ausprobiert. Natürlich hat nicht jeder Lieferant diesen Brief bekommen. Bei A-Lieferanten mit Jahresverträgen fand sowieso ein Jahresgespräch statt, und bei Kleinlieferanten unter 10.000 € wäre der Aufwand der Nachbereitung zu groß gewesen. Doch dazwischen lagen genug Lieferanten, die mehr als ein Drittel des Umsatzes ausmachten. Das Ergebnis war beeindruckend. Ungefähr 25 % der Angeschriebenen akzeptierten einen Preisnachlass und bei weiteren 25 % konnte man sich am Telefon einigen. Nur bei etwa 10 % folgte ein persönliches Gespräch in unserem Hause. Der Rest verweigerte eine Preisreduzierung."
„Das war wirklich erfolgreich. Würden Sie so etwas wiederholen?", wollte Herr Leopold wissen.
„Nicht unbedingt jedes Jahr, aber alle zwei Jahre ist das durchaus denkbar."

Standardpraktik

„Die Standardpraktik", erläuterte Herr Konrad, „soll dem anderen den Eindruck verschaffen, dass die getroffenen Vereinbarungen so üblich und für beide Seiten optimal sind.

Bei Privatleuten wird diese Taktik bevorzugt angewendet, wenn es um Verträge geht. Bestimmt haben Sie auch schon bei Abschluss einer Versicherung festgestellt, dass oft eine Laufzeit von fünf Jahren bereits fest in das Formular gedruckt war. Sie wollten eigentlich nur ein Jahr abschließen, jedoch nachdem bereits die fünf Jahre fix genannt wurden, sind Sie davon ausgegangen, dass dies wohl so üblich sei. Und Sie haben unterschrieben.

Fallen Sie nächstes Mal nicht mehr darauf rein! Es ist nur ein Versuch des Versicherers, Sie lange an ihn zu binden. Wenn Sie nur ein Jahr abschließen möchten, dann streichen Sie die fünf Jahre durch und tragen Sie die gewünschte Laufzeit ein. Machen Sie sich bewusst, Sie sind der Kunde!"

„Und wie kann ich diese Taktik als Einkäufer nutzen?", fragte Herr Leopold.

„Dann überlegen Sie mal. Vielleicht kommen Sie selbst darauf."

Der junge Mann überlegte, doch musste er nach einer Weile passen.

„Ich helfe Ihnen. Hat Ihr Unternehmen Einkaufsbedingungen?"

„Ja. Jetzt verstehe ich. Mit unseren Einkaufsbedingungen geben wir beispielsweise die Zahlungskonditionen vor, um den Eindruck zu erwecken, dass diese Konditionen in unserer Branche so üblich seien. In Wirklichkeit ist entscheidend, wie gut der Lieferant verhandeln kann."

„Genauso ist es."

Beschränkte Befugnis und Fristen setzen

„Die folgenden zwei Taktiken fasse ich zusammen", erklärte der Einkaufsleiter, „denn beide drehen sich um das gleiche Thema.

Bei der beschränkten Befugnis geht es darum, Ihre Entscheidungskompetenz bewusst einzugrenzen. Nämlich dann, wenn der Lieferant unbedingt auf eine Preiserhöhung besteht. In diesem Fall könnten Sie sagen, dass Sie nicht befugt sind, Preiserhöhungen von mehr als 1 % anzunehmen. Möchte der Lieferant daraufhin ein Gespräch mit Ihrem Einkaufsleiter, sagen Sie, dass dieser sich gerade auf Geschäftsreise befindet. Mit etwas Glück gibt der

Lieferant nach, weil er keine Zeit und keine Lust hat, nochmals anzureisen und zu verhandeln."

„Hoffentlich ist der Einkaufsleiter auch an dem Tag weg, wenn der Lieferant da ist", ergänzte der junge Mann schmunzelnd.

Herr Konrad lachte. „Etwas Bluffen ist in Ordnung, aber bitte nicht übertreiben, sonst haben Sie schnell einen negativen Ruf bei den Lieferanten.

Die Taktik ‚Fristen setzen' betrifft das Gegenteil, nämlich wenn der Verkäufer aufgrund mangelnder Entscheidungskompetenz keine Preisreduzierung akzeptieren kann oder will. In diesem Fall können Sie ihm eine Frist setzen, bis wann er sein letztes Angebot für eine Preisreduzierung bei Ihnen abgeben muss. Hervorragend klappt dies bei neuen Lieferanten, denn sie wollen mit Ihnen ins Geschäft kommen.

Handelt es sich um ein Jahresgespräch mit einem Lieferanten, der eine Quasi-Monopolstellung hat, seien Sie damit vorsichtig. Liegt eine gewisse Abhängigkeit vor, sollten Sie sich nicht zu weit aus dem Fenster lehnen."

„Ich verstehe", sagte Herr Leopold nachdenklich.

Ablenken

„Ziel des Ablenkens ist es, woanders ein Feuer zu entfachen, um letztlich sein eigentliches Ziel zu erreichen. Können Sie sich daran erinnern, als 1998 die damalige Regierung versuchte, die Lohnfortzahlung im Krankheitsfall abzuschaffen?"

Nach kurzem Überlegen meinte der junge Mann: „Ja, soweit ich mich erinnern kann, ist dieser Versuch allerdings fehlgeschlagen. Bürger und Gewerkschaften protestierten so lange, bis der Vorschlag zurückgezogen wurde."

„Stimmt. Wissen Sie auch, was danach geschah? Wenige Wochen später wurde versucht, den Beitrag zur Rentenversicherung zu erhöhen. Auch das klappte nicht.

Doch wissen Sie auch, was letztlich wenige Wochen später – ohne Aufschrei der Masse – umgesetzt wurde?"

Ohne dem jungen Mann Gelegenheit zur Antwort zu geben, sagte der Einkaufsleiter: „Die Mehrwertsteuer wurde von 15 auf 16 % erhöht, und so gut wie niemand hat sich darüber aufgeregt!"

„Sie meinen, dass die Regierung die Taktik des Ablenkens nutze, um zu ihrem eigentlichen Ziel, einer Mehrwertsteuererhöhung, zu gelangen?", fragte Herr Leopold erstaunt.

„Ich weiß es nicht. Die Vorgehensweise entsprach jedenfalls den Kriterien der Ablenkungstaktik: woanders ein oder mehrere Feuer entfachen, dann die andere Partei beziehungsweise die Masse sich austoben lassen, um schließlich sein wahres Ziel zu erreichen. Erinnern Sie sich einmal an die Ende 2006 durchgesetzte erneute Erhöhung der Mehrwertsteuer von 16 auf 19 %. Finden Sie vielleicht Parallelen zu 1998?"

Der junge Mann war nachdenklich. Nach einer Weile meldete er sich wieder: „Lassen Sie mich mal überlegen, wie ich diese Taktik in der Einkaufsverhandlung anwenden könnte. Ich könnte beispielsweise eine Zeit lang mit dem Lieferanten über eine Preisreduzierung verhandeln. Wir kommen zu keinem Ergebnis, eine Reduzierung lehnt er ab. Daraufhin bringe ich ihn dazu, wenigstens einer Skontoerhöhung von 2 auf 3 % zuzustimmen. Die Skontoerhöhung war mein eigentliches Ziel."

„Sehr gut. Haben Sie noch eine Idee?"

„Ich könnte am Anfang des Gesprächs die schlechte Qualität und den mangelhaften Lieferservice anprangern, um dadurch die Tür für einen gemeinsamen KVP-Workshop zu öffnen. Hätte ich den Lieferanten direkt auf einen Workshop angesprochen, wäre dieser von ihm vielleicht abgelehnt worden."

„Ich gratuliere Ihnen, Herr Leopold. Das sind typische Beispiele für die Taktik des Ablenkens."

Scheinbarer Rückzug

„Waren Sie schon einmal auf einem Basar in einem arabischen Land?", wollte Herr Konrad wissen.

„Ja, in Marokko."

„Dann haben Sie bestimmt auch um den Preis für irgendwelche Souvenirs gefeilscht und den Stand verlassen, nachdem der Händler nicht auf Ihren Wunschpreis einsteigen wollte?"

„Ja, sicher, das ist doch normal. Manchmal lief mir sogar der Händler hinterher, um mich an seinen Stand zurückzuholen und letztlich doch meinen Wunschpreis mehr oder weniger zu akzeptieren. Das machte richtig Spaß.“

„Sehen Sie“, erklärte der Einkaufsleiter, „das, was für Sie in Marokko selbstverständlich war, ist die Taktik ‚Scheinbarer Rückzug‘. Sie geben dem anderen das Gefühl, kein Interesse mehr zu haben, und wenden sich ab. Manchmal ist der Verkäufer dann doch noch zu Zugeständnissen bereit. Versuchen Sie es doch bei ausgewählten Lieferanten. Wenn Ihr Verhandlungspartner Ihnen nicht entgegenkommen möchte, sagen Sie: ‚Wir kommen nicht weiter, ich habe Wichtigeres zu tun.‘ Dann stehen Sie auf und bitten den anderen zur Tür.“

„Was? Das kann ich doch nicht tun!“, rief Herr Leopold aufgeregt.

„Wie bereits gesagt, nur bei ausgewählten Lieferanten. Achten Sie auf die Machtverhältnisse. Solche ‚Spielchen‘ können Sie nur machen, wenn Sie bereits über eine zweite Lieferquelle verfügen und von dem Verhandlungspartner nicht abhängig sind. Überhaupt ist es so, dass alle Taktiken, die ich Ihnen vorstelle, individuell zu betrachten sind. Das ist von Unternehmen zu Unternehmen und von Branche zu Branche unterschiedlich. Niemand zwingt Sie, die Taktiken einzusetzen. Es ist Ihre Entscheidung.“

Guter Mensch/böser Mensch

Nach einer Weile setzte Herr Konrad seine Ausführungen fort: „Richtig spannend ist die nächste Taktik. Sie nennt sich ‚Guter Mensch/böser Mensch‘ und ist ein Rollenspiel. Ich selbst bin dieser Taktik einmal auf den Leim gegangen, lange bevor ich davon erfuhr. Wollen Sie die Geschichte hören?“

„Ja, natürlich!“

„Es liegt einige Jahre zurück, als ich frisch eingestellter Einkäufer in einem mittelständischen Handelsunternehmen war. Ich hatte eine Verhandlung mit einem bestehenden Lieferanten, den ich bisher noch nicht kannte. Meine Kollegen warnten mich vor, dass es sich bei ihm um den Geschäftsführer handelte, der bekannt für seine cholerische Art war. So bereitete ich mich intensiv vor, um gewappnet zu sein.

Als der Lieferant zu mir in das Besprechungszimmer trat, war ich verblüfft, denn er kam nicht alleine. Neben ihm stand eine junge hübsche Dame, die sich als seine Tochter vorstellte. Natürlich freute ich mich über diesen ‚Zufall‘ und stellte mich auf ein entspanntes Gespräch ein.

Leider weit gefehlt – es dauerte keine fünf Minuten, da war der erste Wutausbruch des Lieferanten da, und ich muss zugeben, dass er mich damit beeindrucken konnte. Es stimmte auch, dass der Lieferant die letzten Jahre keine Preiserhöhung erhalten hatte und dieses Jahr die Kosten für sein Vormaterial wirklich erheblich gestiegen waren. Mir wurde sehr schnell klar, dass eine gewisse Preiserhöhung wohl unvermeidlich sein würde. Natürlich kämpfte ich, und auch bei mir kamen die Wogen hoch.

Bald darauf verließ der Lieferant den Raum mit den Worten: ‚Ich muss jetzt erst mal Luft schnappen. Machen Sie das mit meiner Tochter aus!‘ Mensch, war ich froh, als dieser unangenehme Zeitgenosse draußen war. Die Tochter spürte das wohl und entschuldigte sich für ihren Vater mit den Worten: ‚Nehmen Sie ihm das bitte nicht übel, er ist halt so. Bitte verstehen Sie uns auch. Wie Sie wissen, stehen wir vor diesem Kostenproblem und brauchen Ihre Hilfe. Ich weiß, dass der Wunsch meines Vaters, die Preise um 7 % zu erhöhen, für Sie untragbar ist. Ich bin überzeugt, wenn wir uns auf 5 % einigen, dass ich damit meinen Vater zufriedenstellen kann. Einverstanden?‘ Schließlich gestand ich ihr eine Preiserhöhung von 3 % zu und war heilfroh, so gut weggekommen zu sein.

Heute weiß ich, dass dies ein abgekartetes Spiel zwischen den beiden war. Sie hatten sich abgesprochen und die Taktik ‚Guter Mensch/böser Mensch‘ mit mir gespielt. Und ich bin reingefallen.“

Der junge Mann lachte.

„Letztlich war das für mich eine gute Erfahrung. Ich habe praxisnah erlebt, wie man es nicht machen sollte. Falls ich noch mal in solch eine Situation komme, werde ich sie sofort durchschauen und kann sie von Anfang an stoppen.“

„Was sagen Sie dann?“, wollte Herr Leopold wissen.

„Sobald mir klar ist, dass die andere Partei dieses Rollenspiel spielt, werde ich sagen: ‚Entweder Sie lassen dieses Spiel und verhandeln sachlich weiter, oder ich breche das Gespräch sofort ab. Dann können wir uns in einer Woche noch mal treffen.‘ Wie kommt das bei Ihnen an?“

„Das ist in Ordnung“, meinte der junge Mann.

„Nun liegt es an Ihnen“, fuhr Herr Konrad fort, „ob Sie dieses Rollenspiel selbst mit einem Kollegen durchführen wollen. Der Ablauf ist einfach: Einer von

Ihnen spielt den Bösen, der aggressiv seine Wünsche vorbringt. Dann verlässt er den Raum. Der Gute bietet in der Zwischenzeit dem Lieferanten einen Deal an, der unter diesen Umständen zu gut erscheint, um abgelehnt werden zu können. Dieser Vorschlag wurde natürlich vorher von Ihnen festgelegt und entspricht Ihrem eigentlichen Ziel, mit dem Sie zufrieden sind."

„Auch hier gilt", ergänzte der junge Mann, „dass ich solch eine Taktik nur bei ausgewählten Lieferanten ausprobiere, und nur dann, wenn ich das auch will."

„So ist es."

Vom Hard Buyer zum Beziehungsmanager

„Zusammenfassend ist zu sagen", so Herr Konrad, „dass gutes Verhandeln eine Kombination verschiedener Methoden und Taktiken ist. Verlassen Sie sich niemals nur auf eine Methode, sondern wenden Sie möglichst viele an, je nach Person und Situation. Dazu zählen unter anderem:

- die zielgerichtete Vorgehensweise
- die besten Argumente
- der praktische Nutzen für den Lieferanten
- das sinnesspezifische Motivieren
- die gezielte Fragetechnik
- das analytische Zuhören
- der sinnvolle Einsatz von Taktiken
- eine partnerschaftliche Zusammenarbeit

Den letzten Punkt möchte ich besonders hervorheben, denn eine partnerschaftliche Zusammenarbeit ist die Basis für den langfristigen Erfolg. Kurzfristige Einsparungen alleine durch Preisdrücken können der Kunden-Lieferanten-Beziehung eher schaden. Es ist die Herausforderung für jeden Einkäufer, das optimale Verhältnis zu finden."

Prüfen Sie Ihre Einstellung!

Der Einkaufsleiter ging langsam im Raum auf und ab und sagte: „Jetzt kommen wir zu einem besonders wichtigen Thema. Es geht um Ihre Einstellung zum Verhandeln.

Über das Geben und Nehmen, das sogenannte Win-win-Prinzip, haben wir uns bereits unterhalten. Prüfen Sie, ob Sie nur an Ihrem Vorteil interessiert sind oder beide Seiten als Gewinner sehen möchten.

Und fragen Sie sich einmal, welche Gefühle in Ihnen aufsteigen, wenn Sie ans Verhandeln denken. Ist Verhandeln für Sie ein Kampf oder ein Spiel? Haben Sie Angst davor, mit schwierigen Gesprächspartnern zu verhandeln, oder sehen Sie es als Herausforderung?

Ich habe festgestellt, dass manche Einkäufer regelrecht Angst vor bestimmten Lieferanten haben. Sie fühlen sich unwohl und dem Verkäufer unterlegen. Keine gute Ausgangsbasis, um gute Einkaufsergebnisse zu erzielen."

„Wir haben auch Lieferanten, mit denen es keinen Spaß macht zu verhandeln", warf Herr Leopold ein.

„Natürlich gibt es sie. Und es ist ganz normal, dass wir diese Situationen lieber meiden. Doch möchten Sie erfolgreich sein, dann müssen Sie auch damit klarkommen. Es gibt Methoden, wie wir uns mental stärken können. Wir können von den Hochleistungssportlern lernen. Eine herausragende Methode ist die Ankertechnik."

Ressourcen ankern

„Kennen Sie die Hundekonditionierung nach Pawlow?", fragte der Einkaufsleiter.

„Nein."

„Pawlow führte folgenden Versuch mit Hunden durch: Er beobachtete, dass Hunde beim Fressen Speichel absondern. Pawlow ließ daraufhin immer dann, wenn es Fressen gab, mit einer Glocke läuten. Schon nach einigen Wiederholungen reichte es aus, nur noch mit der Glocke zu läuten, um die Speichelabsonderung bei den Hunden auszulösen.

Was hatte er damit erreicht? Er programmierte die Hunde, auf einen bestimmten Auslöser zu reagieren. Das Läuten der Glocke löste somit die gleichen Abläufe und Gefühle aus wie das Fressen selbst."

„Und das kann man auf den Menschen übertragen?", fragte Herr Leopold etwas ungläubig.

„Ja, was bei den Hunden Konditionierung genannt wird, ist beim Menschen die Ankertechnik. Ziel ist es, durch das Auslösen eines bestimmten Ankers angenehme Gefühle freizusetzen, die uns helfen, schwierige Situationen souverän zu meistern.

Sportler, Politiker, Manager nutzen diese Wissen. Warum sollen wir Einkäufer dieses Wissen nicht auch nutzen, um noch bessere Ergebnisse zu erzielen?"

„Da haben Sie recht. Wie funktioniert die Ankertechnik?", wollte der junge Mann wissen.

„Es gibt mehrere Arten. Für jeden unserer Sinneskanäle gibt es die Möglichkeit, einen Anker zu setzen. So wie es den bevorzugten Sinneskanal bei den Kommunikationstypen gibt, so hat auch jeder Mensch seinen bevorzugten Anker. Haben Sie eine Freundin?"

„Ja."

„Dann haben Sie vielleicht auch schon folgendes Erlebnis gehabt: Sie besuchten mit Ihrer Freundin ein Konzert und genossen die Lieder der Musikgruppe. Bestimmt hatten Sie auch ein Lieblingslied, und während dieses Lied gespielt wurde, waren Sie beide so richtig verliebt."

Herr Leopold schmunzelte.

„Wochen oder Monate später", fuhr Herr Konrad fort, „waren Sie vielleicht irgendwo alleine in einer Kneipe und hörten zufällig das gleiche Lieblingslied von damals wieder. Und was passierte? Die Erinnerung an das Konzert, verbunden mit dem Gefühl von damals, war schlagartig wieder da. Richtig?"

Der junge Mann nickte. Natürlich hatte der Einkaufsleiter recht. Bestimmt jeder Mensch hat schon eine solche Situation erlebt.

„Das war ein typischer auditiver Anker", ergänzte der Einkaufsleiter, „denn Auslöser für das Gefühl war die Musik.

So wie es auditive Anker gibt, gibt es auch visuelle, kinästhetische, olfaktorische und gustatorische Anker. Ich erlebe es immer wieder, wenn wir zu Besuch bei meiner Mutter sind. Dann gibt es oft den wunderbaren Apfelkuchen, den ich schon als Kind gerne gegessen habe. Kaum die Tür geöffnet, zieht der Duft des frisch gebackenen Kuchens zu uns. Dieser Duft versetzt mich für einen Moment in die Kindheit zurück, und ich erlebe das Gefühl der Geborgenheit von damals wieder. Dies ist allerdings mittlerweile mehr als dreißig Jahre her."

„Das muss ein olfaktorischer Anker sein, weil er durch das Riechen ausgelöst wurde", warf Herr Leopold spontan ein.

„Genau. Essen wir dann den Kuchen, stellt sich das Gefühl von damals nochmals ein. Auslöser ist jetzt der Geschmack, also ein gustatorischer Anker."

„Wie funktioniert ein visueller Anker?", fragte der junge Mann.

„Was schlagen Sie vor?"

„Bei einem visuellen Anker muss ich demnach ein Bild aus meiner Erinnerung sehen. Diese Erinnerung setzt die Gefühle von damals wieder frei", meinte der junge Mann.

„So ist es. Mir erzählte einmal ein Verkaufsleiter, wie er sich in schwierigen Verhandlungen mit Einkäufern Kraft gibt. Immer wenn die Einkäufer zu aufdringlich werden und das Gespräch an einem toten Punkt angelangt ist, nimmt sich dieser Verkaufsleiter seinen Terminkalender und tut so, als würde er etwas nachlesen. In Wirklichkeit schlägt er eine Seite auf, auf der er ein Foto seiner Familie eingeklebt hat. Das Foto wurde während seines Lieblingsurlaubs auf Bali geschossen. Man sieht vorne etwas Meer und Strand, direkt dahinter steht die gesamte Familie vor einem ehrwürdigen Tempel am angrenzenden Tropenwald. Dieses Bild weckt die Gefühle von damals und gibt dem Verkaufsleiter so viel Kraft, dass er ruhig und gelassen das Gespräch fortführen kann."

„Das ist eine tolle Idee. Das mache ich auch!", rief Herr Leopold begeistert.

„Wenn Sie im mentalen Training fortgeschritten sind, brauchen Sie nicht einmal das Foto dabeizuhaben. Es langt, wenn Sie sich an das Foto erinnern. Manche können, ohne die Augen zu schließen, dieses Bild sehen. Es ist eine Frage der Übung.

Was jetzt noch fehlt, ist der kinästhetische Anker. Das Setzen eines solchen Ankers ist etwas aufwendiger. Gerne benutzt wird dieser Anker von Hochleistungssportlern in der Leichtathletik. Bestimmt haben Sie auch schon gesehen, dass manche von ihnen, ehe sie ihre sportliche Tätigkeit ausführen, eine ungewöhnliche Bewegung machen. Manche schnalzen mit den Fingern, andere machen eine Faust oder gehen für einen Moment in eine Art Siegerpose. Warum machen die das?"

„Sie erinnern sich damit auch an eine Situation in der Vergangenheit?",
fragte der junge Mann.
„Ja, allerdings nicht bewusst, wie bei den anderen Ankerformen. In diesem
Fall wurde das benötigte Gefühl aus verschiedenen Erinnerungen an einer
Stelle am Körper oder in Verbindung mit einer Bewegung verankert."
Herr Konrad blätterte zum nächsten Schaubild.

Die sieben Schritte des Ankersetzens

1. Welches Gefühl will ich verankern?

2. An welcher Stelle bzw. wie will ich dieses Gefühl
   verankern?

3. Ich schließe meine Augen, entspanne mich und
   erinnere mich an eine Situation, in der ich dieses
   Gefühl ganz stark hatte.

4. Ich gehe ganz hinein in diese Erinnerung. Ich
   durchlebe diese Situation nochmals, als wäre sie
   jetzt Wirklichkeit.

5. Sobald ich dieses wunderbare Gefühl von damals wieder
   habe, berühre ich die Stelle an meinem Körper oder
   führe die Bewegung aus.

6. Nach einer Weile lasse ich diese Situation los und
   suche mir eine andere.

7. Ich wiederhole diese Vorgehensweise.

Herr Konrad fuhr fort: „Erster Schritt ist, dass Sie sich überlegen, welches
Gefühl Sie überhaupt brauchen, um souverän eine schwierige Verhandlung
zu meistern. Normalerweise sind das Gefühle wie Selbstsicherheit, Selbstvertrauen und innere Ruhe.

Im zweiten Schritt geht es darum, den Ort ausfindig zu machen, wo Sie das Gefühl verankern möchten. Es gibt genug Möglichkeiten: zwei Finger berühren, eine Faust machen, mit der Handfläche der einen Hand den Handrücken der anderen Hand berühren, das Ohrläppchen reiben, die Brille hochschieben und so weiter. Entscheidend ist, dass es für Sie stimmt und unbemerkt von anderen ausgeführt werden kann.

Nun kommt die eigentliche Arbeit. Sie entspannen sich und versetzen sich in die Vergangenheit."

„Wie kann ich mich denn entspannen?", wollte Herr Leopold wissen.

„Machen wir das doch gleich mal praktisch. Legen Sie Ihre Hände auf den Bauch und spüren Sie, wie sich Ihr Bauch beim Einatmen hebt und beim Ausatmen senkt. Merken Sie das?"

„Ja."

„Und nun konzentrieren Sie sich auf Ihren Atem. Zählen Sie beim Einatmen bis vier und beim Ausatmen bis sieben. Ziel ist es, die Luft langsamer auszuatmen."

Der junge Mann übte, wie es ihm gesagt wurde. Anfangs war es ungewohnt, den Atem zu steuern und langsamer auszuatmen als einzuatmen, doch bereits nach wenigen Minuten fiel es ihm immer leichter.

„Das klappt ja schon gut", freute sich Herr Konrad. „Und nun brauchen Sie nicht mehr zu zählen, sondern sagen Sie sich innerlich beim langen Ausatmen: ‚Ich bin ruhig und gelassen.'"

Der junge Mann übte so eine Weile und meinte dann begeistert: „Es funktioniert wirklich. Ich fühle mich ruhiger und ausgeglichener als vorhin!"

„Das freut mich. Optimal wirkt diese Methode des autogenen Trainings, wenn Sie dabei die Augen geschlossen haben, aber es geht auch ohne.

Wenn Sie entspannt sind, gilt es nun, eine Situation in der Vergangenheit zu finden, in der Sie die gewünschten Gefühle hatten. In der Entspannung dürfte Ihnen das leichtfallen.

Während Sie sich erinnern, ist es wichtig, dass Sie die Situation VAK erleben. Sie wissen noch? Es geht um unsere Sinneskanäle. Versuchen Sie die vergangene Situation als Bild zu sehen. Hören Sie, was es zu hören gab, und genießen Sie vor allem das Gefühl der Ruhe, Selbstsicherheit und Vertrauen. Erst dann, wenn die positiven Gefühle stark erlebt werden, berühren Sie die ausgewählte Stelle an Ihrem Körper. Nach einer Weile lassen Sie los und suchen sich eine weitere Situation."

„Und später brauche ich nur noch die Stelle zu berühren, und das Gefühl stellt sich ein?"

„Ja. Die mentale Vorübung hat in Ihrem Unterbewusstsein ein Programm angelegt, das durch Berühren der ausgewählten Stelle gestartet wird. Dieser Prozess läuft blitzschnell ab: Sie berühren die Stelle, über die Spinalnerven wird die Botschaft zum Gehirn geschickt, das Programm wird gestartet und das Gefühl ist da."

„Wie oft muss ich das üben?", wollte der junge Mann wissen.

„Regelmäßig, mehrmals pro Woche. Nur dann wird sich das Gefühl auch entsprechend stark einstellen, wenn Sie es brauchen.

Machen Sie sich bewusst, diese Methode ist sehr hilfreich, Ihnen schnell einen kleinen Kraftschub zu verpassen, wenn Sie sie rechtzeitig ausführen. Sind Sie bereits im Verhandlungsloch, dann ist es zu spät."

Herr Konrad zeichnete folgendes Bild an das Flipchart.

Vom richtigen Zeitpunkt, einen Anker auszulösen

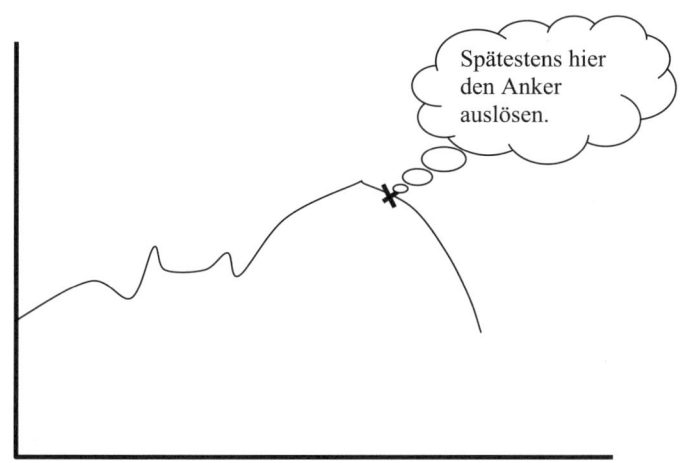

Gesprächsverlauf

Abbildung 30: Vom richtigen Zeitpunkt, einen Anker auszulösen

„Lösen Sie also den Anker aus, wenn Sie merken, dass Sie die Kontrolle über das Gespräch verlieren. Typische Symptome sind: Nervosität, Unwohlsein, Aggression, Angst. Rechtzeitig und mehrmals ausgeführt, hilft Ihnen die Ankertechnik. Wenn es zu spät ist und der Anker nicht mehr wirkt, was tun Sie dann?", fragte der Einkaufsleiter.

„Dann, glaube ich, hilft nur noch eine Musterunterbrechung."

„Genau. Machen Sie eine Pause oder vereinbaren Sie einen neuen Termin."

Die Macht der Gedanken

„Wenn Sie in die Verhandlung gehen", fuhr Herr Konrad fort, „ist es wichtig, mit welchen Gedanken Sie hineingehen. Es macht einen großen Unterschied, ob Sie selbstsicher und zielorientiert oder ängstlich und ziellos auftreten. Denn unsere überwiegenden Gedanken bestimmen unser Erleben der Welt. Es ist ein altes Wissen und wird auch ‚Gesetz der Analogie' genannt. Dieses Gesetz besagt: ‚Wie oben, so unten, wie im Kleinsten so im Größten, wie innen, so außen.' Unsere überwiegenden Gedanken im Innern bestimmen unser Erleben im Außen.

Die Psychologie nennt dieses Phänomen auch ‚sich selbst erfüllende Prophezeiung'. Es wird gerne als Vergleich die rosarote Brille herangezogen: Sind wir frisch verliebt, sehen wir durch unsere Brille nur die schönen Dinge der Welt. Wir projizieren quasi unser inneres Glücksgefühl auf die Außenwelt. Die negativen Dinge in unserem Umfeld sind zwar nach wie vor da, doch unbewusst verdrängen wir sie. Wir möchten unser Glücksgefühl uneingeschränkt genießen.

Lässt irgendwann das Gefühl des Verliebtseins nach, dann fallen wir wieder in unsere normale Denkstruktur zurück, das heißt, wir tauschen die rosarote Brille gegen unsere Alltagsbrille aus. Und was passiert? Wir nehmen die Welt so wahr, wie es unserem Innenleben entspricht. Der eine eher positiv, der andere eher negativ, je nachdem, um welche Einstellung es sich handelt."

„Das heißt", unterbrach Herr Leopold, „ich sollte darauf achten, dass ich möglichst positiv denke, bevor ich in die Verhandlung gehe?"

„So ist es. Seien es Hochleistungssportler, Politiker oder Manager – Profis erinnern sich zuerst an ein positives Erlebnis, ehe sie ihre sportliche Tätigkeit absolvieren, eine Rede halten oder in die Verhandlung gehen. Denn sie wissen: Denke ich an Misserfolg, also negativ, werden mein Auftreten und meine Leistung schlechter sein, als wenn ich an Erfolge, also positiv denke. Das ist doch eigentlich logisch, oder?"

„Da haben Sie recht."

„Stehen Sie einmal auf, junger Mann, ich möchte Ihnen etwas zeigen."

Herr Leopold stand auf und ging zum Einkaufsleiter in die Mitte des Raumes.

„Stellen Sie sich mir genau gegenüber und heben Sie seitlich Ihren rechten Arm bis auf Schulterhöhe. Halten Sie nun Ihren Arm mit Kraft, während ich versuche, ihn herunterzudrücken."

Der junge Mann machte, wie ihm gesagt wurde. Da er sportlich war, konnte er seinen Arm trotz des Druckes von oben durch den Einkaufsleiter halten.

„Sie können den Arm wieder herunterlassen. Ich bitte Sie nun, sich eine Situation mit einem schwierigen Verhandlungspartner vorzustellen, die vor einiger Zeit oder auch länger stattgefunden hat. Haben Sie eine?"

Der junge Mann überlegte und sagte: „Ja, ich habe eine."

„Gut, dann erinnern Sie sich an diese Situation und lassen Sie das negative Gefühl von damals hochkommen. Empfinden Sie noch mal, wie unangenehm dieses Erlebnis war. Heben Sie jetzt wieder Ihren rechten Arm und halten Sie ihn mit Kraft."

Der junge Mann hob seinen Arm und versuchte mit aller Kraft, diesen gegen den Druck des Einkaufsleiters zu halten, doch er schaffte es nicht. Mühelos konnte der Einkaufsleiter den Arm etwas herunterdrücken.

Ich bitte Sie nun, sich an eine Verhandlung zu erinnern, die sehr positiv für Sie abgelaufen ist. Eine Situation, wo Sie sich so richtig gut gefühlt haben: selbstsicher, stark und erfolgreich."

„Ich habe eine", sagte Herr Leopold.

„Gehen Sie jetzt in dieses Erlebnis hinein und fühlen Sie nochmals diese Selbstsicherheit und Stärke. Dann halten Sie wieder den rechten Arm hoch."

Der junge Mann hob wieder seinen Arm. Herr Konrad drückte mit aller Kraft, doch er schaffte es nicht, den Arm des jungen Mannes nach unten zu bewegen.

„Wie war es?", wollte der Einkaufsleiter wissen.

Der junge Mann ließ erleichtert seinen Arm wieder fallen und sagte begeistert: „Das gibt es doch nicht! Was ist passiert? Einmal kann ich den Arm halten, dann wieder nicht. Wie funktioniert das?"

Herr Konrad lachte. „Das ist die Kraft der Gedanken, die Kraft der Vorstellung. Sie ist stärker als der Wille. Gehen Sie in ein Gespräch mit negativen Erinnerungen, entzieht es Ihnen die Kraft. Bauen Sie sich jedoch vorher mental auf und erinnern sich bewusst an positive Erlebnisse, gibt Ihnen das Kraft.

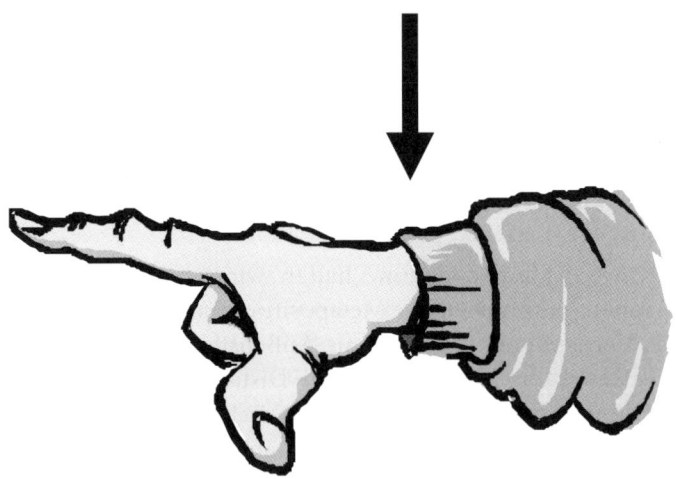

Abbildung 31: Der Armtest

Sind Sie innerlich stark, dann nimmt das auch Ihr Verhandlungspartner bewusst oder unbewusst wahr: Ihre Haltung ist aufrecht, Ihr Schritt dynamisch, Ihre Sprache kraftvoll. Können Sie sich vorstellen, so ein gutes Ergebnis zu erzielen?"

„Und ob!", meinte der junge Mann. „Das heißt also: Habe ich positive Gedanken, weil ich gut vorbereitet bin und mich an erfolgreiche Situationen erinnere, fühle ich mich stark und selbstbewusst. Dies drückt sich dann auch am Körper durch meine Haltung und Sprache aus."

„Sie haben es erfasst. Materie folgt dem Geist: Zuerst ist der Gedanke, dann das Gefühl, und hieraus folgt die Tat. Dies trifft in der Mehrzahl der Fälle zu."

Mentales Umerleben

„Die Macht der Gedanken", erklärte Herr Konrad, „spielt auch eine Rolle bei der Lösung von Problemen. Sicher haben Sie es schon erlebt, dass eine Verhandlung nicht so verlaufen ist, wie Sie es sich vorgenommen hatten. Sie oder der Gesprächspartner wurden vielleicht aggressiv und polemisch. Schließlich wurde die Verhandlung abgebrochen. Der andere war weg, doch Sie fühlten sich nicht wohl. Was tun Sie, um danach wieder den Kopf freizubekommen?"

Herr Leopold nickte. Wie oft hatte er das schon erlebt, dass er nach einem schwierigen Gespräch den ganzen Tag schlecht gelaunt war! Hatte der Einkaufsleiter eine Lösung für ihn? „Was kann ich tun?", fragte er den Einkaufsleiter.

„Es gibt mehrere Methoden. Eine hatten wir schon zu Beginn unseres heutigen Treffens besprochen: die Metaposition. Nach dem Gespräch schaue ich mir die Verhandlung nochmals als Außenstehender an. Dieses Revue-passieren-Lassen kann zu einer inneren Distanz führen, weil man seine Fehler erkennt und sich vornimmt, es beim nächsten Mal besser zu machen. Andersherum stellt man fest, dass auch der andere ‚nur ein Mensch' ist, mit Fehlern und Eigenheiten. Stelle ich mich beim nächsten Mal darauf ein, kann ich souveräner mit der Situation umgehen. Es ist, als würde ich die Situation in einen anderen Rahmen stellen, von einem anderen Blickwinkel aus betrachten.

Eine weitere Möglichkeit, negative Emotionen aufzulösen, stellt die Phobie- und Swish-Technik aus dem NLP dar. Ich werde Ihnen die letztgenannte erklären."

Die Swish-Technik

„Ziel der Swish-Technik", begann Herr Konrad zu erläutern, „ist es, Ballast loszulassen, wie unangenehme Gefühle, Versagensängste oder Aggressionen. Der Ablauf ist so, dass ein bestimmter Abschnitt des erlebten Gesprächs mental umerlebt wird. Überlegen Sie einmal, welche Situation bei Ihrer letzten schwierigen Verhandlung Sie besonders gekränkt hat."

Der junge Mann überlegte kurz und sagte: „Was mich besonders geärgert hat, war gegen Ende des Gesprächs, als der Lieferant mit einem überheblichen Gesichtsausdruck sagte, dass ihn meine Argumente nicht interessieren und er auf der Preiserhöhung bestehe. Noch Tage später hatte ich Aggressionen gegen diesen Menschen. Wir haben einen neuen Termin für nächste Woche vereinbart, aber ich weiß noch nicht, wie ich mit seiner Art klarkommen soll."

„Ein gutes Beispiel, um die Swish-Technik zu erlernen", meinte der Einkaufsleiter. „Stellen Sie sich jetzt einmal Folgendes vor: Sie sitzen in einem Kino und blicken auf die Leinwand. Sie sind ganz alleine in diesem Kino. Die Leinwand ist noch dunkel. Plötzlich beginnt ein Film abzulaufen. Es ist ein Mitschnitt des Verhandlungsgesprächs mit diesem schwierigen Lieferanten. An der Stelle, die Sie am meisten geärgert hatte, bleibt der Film stehen. Wie ein Dia können Sie das überhebliche Gesicht des anderen erkennen und hören, was er zu Ihnen sagt. Können Sie mir folgen?"

„Ja, wobei ich mich nicht richtig konzentrieren kann."

„Schließen Sie die Augen, dann ist es einfacher."

Der junge Mann schloss seine Augen und stellte sich vor, in einem Kino zu sitzen. Vor sich auf der Leinwand sah er immer wieder diese Situation mit dem schwierigen Gesprächspartner. Er fühlte sich ziemlich unwohl, denn die Erinnerung holte ihn ein.

„Konzentrieren Sie sich darauf, dass Sie auf einem Stuhl ganz hinten im Raum sitzen", forderte der Einkaufsleiter ihn auf. „Die Leinwand ist ganz weit weg."

Herr Leopold fühlte sich sofort etwas besser.

„Stellen Sie sich jetzt vor, dass die Leinwand mit dem Bild beginnt, nach hinten weggezogen zu werden. Immer weiter bewegt sich die Leinwand von Ihnen weg. 50 Meter, 100 Meter. Je weiter das Bild weggezogen wird, umso kleiner und dunkler wird es. Jetzt ist es schon 150 Meter von Ihnen weg. Das Bild wird kleiner und dunkler. 200 Meter, 300 Meter, 500 Meter. Sie sehen nur noch einen kleinen schwarzen Punkt, Sie können nichts mehr erkennen, das Bild ist weg.

Und nun stellen Sie sich vor, wie das Bild langsam wieder auf Sie zukommt. Je näher es kommt, desto größer und heller wird das Bild. Bald können Sie schon erste Details erkennen und stellen überrascht fest, dass sich der Inhalt des Bildes verändert hat. Sie sehen nicht mehr den überheblichen Gesichtsausdruck, sondern den eines freundlichen, zuvorkommenden Menschen. Auch das, was er Ihnen sagt, ist anders. Jetzt sagt dieser nette Lieferant zu Ihnen, dass er Ihre Argumentation durchaus versteht und trotz der angespannten Kostensituation versucht, eine für beide Seiten annehmbare Lösung zu finden."

„Das ist gar nicht so leicht", murmelte Herr Leopold vor sich hin.

„So tun als ob ist die Lösung. Machen Sie weiter. Zwingen Sie Ihren Verstand, das neue Bild zu akzeptieren. Wenn es Ihnen schwerfällt, fangen Sie noch mal von vorne an.

Sehen Sie zuerst die alte Situation auf der Leinwand, das Standbild der unangenehmen Situation. Schieben Sie das Bild auf der Leinwand weit weg. Sie sitzen im Kino ganz hinten, und die Leinwand wird immer weiter nach hinten weggezogen. Das Bild wird immer kleiner und dunkler. Wenn es nur noch ein Punkt ist, holen Sie das Bild wieder langsam zu sich. Je größer es wird, desto heller und freundlicher wird das Bild, und Sie erkennen die veränderte Situation mit einem Gesprächspartner, der sich so verhält, wie Sie es sich wünschen würden. Okay?"

„Ja, jetzt klappt es besser", antwortete der junge Mann.

„Holen Sie das positive Bild jetzt ganz nah an sich heran. Sie sitzen in der ersten Reihe und sehen die neue Situation ganz nah vor sich, hell und farbig. Springen Sie nun zum Abschluss in das Bild hinein und stellen Sie sich vor, Bestandteil dieser neuen Situation zu sein. Dann können Sie wieder die Augen öffnen."

Nach wenigen Sekunden öffnete Herr Leopold wieder die Augen. Für einen Moment herrschte Ruhe. Dann sagte er: „Das ist bemerkenswert, was man alles durch mentale Übungen erreichen kann. Irgendwie fühle ich mich jetzt entspannter, und der Groll gegenüber diesem Menschen ist fast weg. Wie funktioniert das?"

„Was in Ihrem Gehirn passiert, kann ich Ihnen auch nicht sagen. Irgendwelche Prozesse finden statt, die die negativen Emotionen neutralisieren. Entscheidend ist auch nicht, wie es abläuft, entscheidend ist, dass es funktioniert und Ihnen hilft."

„Da haben Sie recht."

Herr Konrad ging zum Flipchart und zeichnete die Erkenntnisse an die Tafel.

Die Swish-Technik

1. Negatives wegschieben

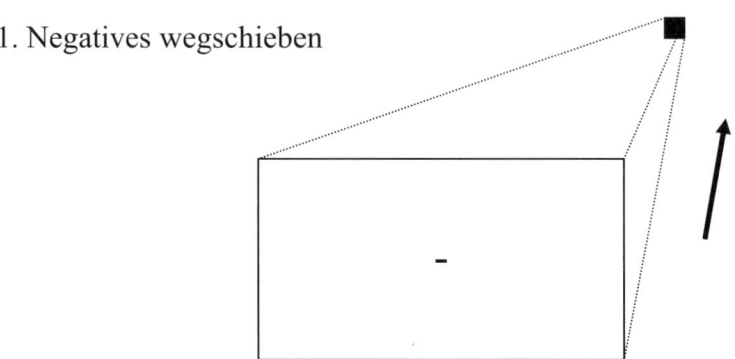

2. Positives heranholen

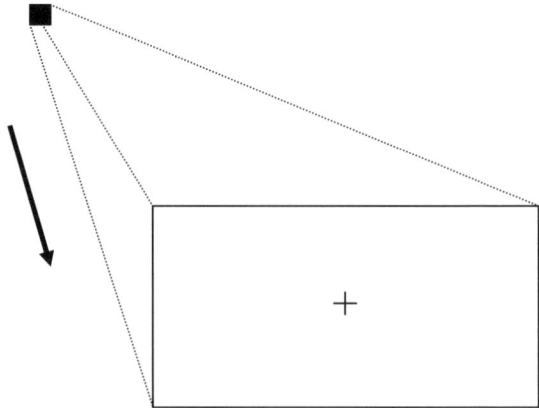

Abbildung 32: Die Swish-Technik

Die Ideen auf den Punkt gebracht

- Bereiten Sie sich auf Ihre Verhandlungen gut vor. Dies kostet Sie nur einmal viel Zeit. Dann können Sie die Erkenntnisse auf fast alle Gespräche übertragen. Nutzen Sie hierfür den Leitfaden zur Vorbereitung von Verhandlungen.
- Setzen Sie sich ein Ziel: herausfordernd, aber doch noch erreichbar. Formulieren Sie Ihr Ziel positiv und in der Gegenwartsform, konkret mit Zahlen, und setzen Sie sich einen realistischen Termin. Stellen Sie sich vor, was es zu sehen gibt, wenn Sie Ihr Ziel erreicht haben. Das ist die Vision. Wenn Sie sich Ihr Ziel vorstellen können, dann glauben Sie auch daran und werden die Geduld und Beharrlichkeit aufbringen, um bis zum Ende durchzuhalten.
- Machen Sie die Drehübung – Sie können mehr erreichen, als Sie bisher vielleicht gedacht haben.
- Setzen Sie sich immer zwei Ziele: ein höheres, das Sie dem Verkäufer nennen, und ein niedrigeres, mit dem Sie letztlich zufrieden sind.
- Prüfen Sie, welche Ziele und Bedürfnisse Ihr Verhandlungspartner haben könnte. Dazu ist es hilfreich, sich in den anderen hineinzuversetzen. Denken Sie, Sie seien der Lieferant.
- Führen Sie eine Lieferantenkartei mit persönlichen Daten der Verkäufer. Die Daten helfen Ihnen bei der Vorbereitung.
- Bevor Sie Ihre Argumente sammeln, beginnen Sie damit, mögliche Einwände des Lieferanten herauszufinden. Fragen Sie sich, welche Konfliktpunkte es geben kann.
- Lassen Sie sich die anteiligen Erhöhungen beim Vormaterial und bei den Lohnkosten nachweisen, und überprüfen Sie die Daten. Lehnen Sie die effektive Preiserhöhung trotzdem ab. Weisen Sie darauf hin, dass der gemeinsame Kunde ebenfalls keine Preiserhöhung akzeptiert.
- Bieten Sie dem Lieferanten einen Nutzen. Jeder Mensch möchte einen Vorteil haben, wenn es zu Veränderungen kommt. Überlegen Sie sich vorher, welchen Nutzen der Lieferant von einer Preisreduzierung, einem Langzeitvertrag, einem gemeinsamen KVP-Workshop, und so weiter hat.

- Finden Sie, wenn möglich, den Kommunikationstyp des anderen heraus. Dann können Sie Ihrem Gesprächspartner den Nutzen auf seinem bevorzugten Sinneskanal schmackhaft machen.
- Kennen Sie den Kommunikationstyp nicht, dann versuchen Sie sowohl visuelle als auch kinästhetische Aspekte in Ihre Sprache einzubeziehen.
- Prüfen Sie die Machtverhältnisse. Dazu zählt nicht nur der Umsatzanteil, sondern auch Ihr Verhandlungsgeschick und Ihre Einstellung.
- Stellen Sie schwierigen Gesprächspartnern, die Sie durch Pauschalaussagen in die Enge treiben wollen, gezielte Fragen. So werfen Sie ihm den Ball zurück, und er muss nun konkretisieren.
- Ist die Verhandlung auf dem Nullpunkt angelangt, machen Sie eine Musterunterbrechung. Schlagen Sie vor, eine kurze Pause zu machen. In dieser Zeit kann sich jeder neu ordnen und danach sachlich weiter verhandeln.
- Machen Sie unbedingt eine Musterunterbrechung, wenn Ihnen die Argumente ausgehen oder der andere immer mehr die Zügel in die Hand bekommt.
- Sagen Sie schwierigen Gesprächspartnern, was Sie stört, jedoch ohne mit dem Finger auf sie zu deuten.
- Prüfen Sie, welche Kompromisse Sie eingehen können. Was sind Sie bereit zu geben, um zu erreichen, was Sie wollen? Schaffen Sie eine Win-win-Situation.
- Legen Sie Ihre Strategie fest und machen Sie sich mit den Taktiken vertraut. Die Strategie ist der Weg zum Ziel, Taktiken sind Schritte innerhalb der Strategie.
- Halten Sie mindestens eine weitere Strategie in Reserve, die sogenannte Black Box.
- Werden Sie Beziehungsmanager.
- Prüfen Sie Ihre Einstellung zum Verhandeln. Ist es ein Kampf oder Spiel? Haben Sie Angst davor oder ist es eine Herausforderung?
- Haben Sie hohe Erwartungen. Eine Untersuchung ergab, dass 10 % mehr Entschlossenheit bis zu 50 % höhere Erfolgschancen zur Folge haben.
- Lernen Sie die Ankertechnik, und Sie können sich blitzschnell wieder in einen guten Zustand versetzen. Voraussetzung ist, dass Sie den Anker rechtzeitig auslösen. Ist es zu spät, hilft nur noch eine Musterunterbrechung.

- Machen Sie sich bewusst, wie Ihre Gedanken wirken. Negative Gedanken entziehen Ihnen Kraft, positive Gedanken stärken Sie. Deswegen denken Sie vor einer schwierigen Verhandlung immer an eine Situation, die sehr gut verlaufen ist, bei der Sie gute Gefühle hatten. Mit diesen positiven Gefühlen gehen Sie jetzt in die Verhandlung. Sie werden feststellen, dass Sie ruhiger und selbstsicherer die Situation meistern werden.

- Mit dem Armtest aus der Kinesiologie können Sie die Macht der Gedanken sichtbar machen.

- Lernen Sie die Methoden des mentalen Umerlebens, und Sie können in kurzer Zeit unangenehme Erfahrungen emotional neutralisieren. Sie lösen somit Ballast auf und können unvorbelastet in die nächste Verhandlung gehen.

4. Finale

„Wie fühlen Sie sich?", wollte Herr Konrad wissen.

„Einfach gut. Sie haben mir so viele Tipps für die Praxis gegeben, dass ich sie erst einmal für mich aufarbeiten muss. Sicher waren mir einige Methoden schon bekannt, doch ich betrachte sie jetzt aus einem anderen Blickwinkel heraus. Und das hilft mir, mein Tagesgeschäft noch besser zu erledigen."

„Prima, wenn Sie Fragen haben, können Sie mich jederzeit anrufen. Außerdem steht noch der KVP-Workshop mit einem unserer Lieferanten aus. Ich hatte Sie ja bereits eingeladen, daran teilzunehmen. Dort können wir weitere offene Fragen klären."

Herr Leopold nickte zustimmend.

„Abschließend bitte ich Sie, sich nochmals bewusst zu machen, wie wichtig Ihre Position im Unternehmen ist. Der Einkauf trägt erheblich zum Erfolg des Unternehmens bei. Eine Reduzierung der Beschaffungskosten um 5 % kann eine Gewinnverdopplung zur Folge haben. Die Wettbewerbsfähigkeit und Rendite werden zu einem großen Teil durch den Einkauf bestimmt. Sie sind wichtig!

Jetzt sind Sie dran, die gewonnenen Erkenntnisse in die Praxis umzusetzen. Konzentrieren Sie sich neben dem Tagesgeschäft auf Ihre A-Aufgaben, bringen Sie Mehrwert, und Sie werden bald die Früchte Ihrer Arbeit ernten! Wissen allein reicht nicht aus, Sie müssen es auch tun! Schritt für Schritt. Dazu wünsche ich Ihnen den Mut und die Kraft!"

Unser junger Mann bedankte sich nochmals und verließ voller Tatendrang den Einkaufsleiter. Er konnte es kaum erwarten, die Dinge in seinem Unternehmen umzusetzen.

Literaturverzeichnis

Altmann, Hans Christian: Kunden kaufen nur von Siegern, 4. Aufl. Landsberg 2000

Arnolds, Hans: Materialwirtschaft und Einkauf, 10. Aufl. Wiesbaden 2001

Birkenbihl, Vera. F.: Psychologisch richtig verhandeln, 9. Aufl. Landsberg 1995

Caruso, David: Managen mit emotionaler Kompetenz, Frankfurt 2005

Conan, Horst: Die Kunst, mit Menschen umzugehen, Augsburg 1996

O'Connor, Joseph: Neurolinguistisches Programmieren: Gelungene Kommunikation und persönliche Entfaltung, 6. Aufl. Freiburg 1996

Detroy, Erich-Norbert: Das große Handbuch für den Verkaufsleiter, Landsberg 1998

Dommasch, Claus. E.: Der Profi-Einkäufer, 2. Aufl. Frankfurt 2000

Fey, Gudrun: Gelassenheit siegt!, Regensburg 1998

Field, Lynda: Aktiv-Programm Selbstbewusstsein, Augsburg 1998

Fisher, Roger: Das Harvard-Konzept, 22. Aufl. Frankfurt 2004

Frehner, Urs und Bodmer, Christian: Best Practice im Einkauf, München 2000

Goleman, Daniel: Emotionale Intelligenz, 18. Aufl. München 2005

Grossmann, Matthias: Einkauf leicht gemacht, 2. Aufl. Frankfurt 2005

Grossmann, Matthias: Im Einkauf liegt der Gewinn (CD), Zug/Schweiz 2002

Grossmann, Matthias: Die 10 Schritte zum Einkaufserfolg, Renningen 2007

Grossmann, Dr. Gustav: Wünsche erfüllen sich, Bad Alexandersbad 1994

Hill, Napoleon: Denke nach und werde reich, Kreuzlingen 2005

Höller, Jürgen: Sicher zum Spitzenerfolg, 3. Aufl. Düsseldorf 1994

Jossé, Germann: Basiswissen Kostenrechnung, 4. Aufl. München 2006

Kennedy, Gavin: Erfolgreich verhandeln von A bis Z, München 1994

Kerkhoff, Gerd: Milliardengrab Einkauf, Weinheim 2003

Kipp-Weike, Wilfried: Kalkulation, Planegg 2004

Klein, Hans-Michael: Exzellent streiten, Regensburg 2001

Lay, Rupert: Manipulation durch die Sprache, 4. Aufl. München 1995

Lemme, Markus: Erfolgsfaktor Einkauf, Berlin 2005

Lesch, Matthias und Förder, Gabriele: Kinesiologie, München 1994

Littek, Frank: Die hohe Kunst des Feilschens, Niedernhausen 1998

López, José Ignacio: Du kannst es, München 1999

Madux, Robert B.: Erfolgreich verhandeln, Wien 1993

Merkle, Rolf: So gewinnen Sie mehr Selbstvertrauen, Mannheim 2002

Robbins, Anthony: Grenzenlose Energie. Das Power-Prinzip, 9. Aufl. München 1991

Ruhleder, Rolf H.: Die 10 Schritte zum Verkaufserfolg, 6. Aufl. Renningen 2006

Rusch, Alex S.: Noch erfolgreicher, Frankfurt 2000

Schäfer, Bodo: Die Gesetze der Gewinner, 2. Aufl. Frankfurt 2001

Schott, Barbara: Verhandeln, 2. Aufl. Planegg 2002

Schwartz, Steven: Wie Pawlow auf den Hund kam, München 1987

Seßler, Helmut: Der Beziehungsmanager, 2. Aufl. Mannheim 1998

Staples, Walter Doyle: Think like a Winner!, Paderborn 1995

Tepperwein, Kurt: Kraftquelle Mentaltraining, 5. Aufl. München 1993

Versteeg, André: Revolution im Einkauf, Frankfurt 1999

Wannenwetsch, Helmut: Erfolgreiche Verhandlungsführung in Einkauf und Logistik, Berlin 2003

Stichwortverzeichnis

Matthias Grossmann

Die 10 Schritte zum Einkaufserfolg – Preisverhandlungen im Einkauf selbstbewusst führen: 2 + 2 Tage-Seminar

Ein Intensiv-Training zur Preis- und Konditionsverhandlung. 2 Tage Basistraining plus 2 Tage Aufbautraining. Sie lernen Methoden, wie Sie sich fachlich und mental auf Verhandlungen vorbereiten und diese erfolgreich führen: Datensammlung, Zielsetzung, Einwandbehandlung, Strategien, Verhandlungstaktiken, Umgang mit schwierigen Gesprächspartnern und Monopolisten.

Einkäufer-Intervall-Training: 3 x 2 Tage

Sie erfahren scheibchenweise alles Wissenswerte über den modernen Einkauf: von Einkaufsorganisation und Zeitmanagement über die Methoden zur Preis- und Kostenreduzierung bis hin zu Verhandlungsführung und Selbstmanagement. Zwischen den Trainingstagen können Sie das erworbene Wissen in die Praxis umsetzen. Bei den Folgetreffen werden Ihre Fragen geklärt.

Wie tickt ein Top-Einkäufer? 4-Tage-Seminar in Spanien

Dieses außergewöhnliche Seminar für Einkäufer und Verkäufer findet in Almería in Andalusien statt. Wie organisiert und motiviert sich ein Top-Einkäufer? Wie bereitet er sich auf die Preisverhandlung vor? Sie nutzen dieses Seminar für sich und Ihre Mitarbeiter als Bestätigung für bisherige Erfolge und als Incentive für die Erreichung neuer Ziele.

Firmeninterne Seminare & Vorträge

auf Anfrage

Einkaufsberatung & Einkaufsdienstleistung

Wir optimieren Ihre Einkaufsorganisation und unterstützen Sie bei der Reduzierung der Beschaffungskosten. Lassen Sie sich Unterlagen zusenden oder vereinbaren Sie einfach einen persönlichen Termin:

MGS – Training und Beratung für den Einkauf
Postfach 101112, 63707 Aschaffenburg
Tel. 06021/5838027, Fax 06021/5838017
E-Mail: info@einkaufstraining.de
Website: www.einkaufstraining.de